168 STORIES
个故事系列
智慧成长故事 完美人格系列

入选新闻出版总署
"青少年百种优秀图书推荐书目"
★荣获第十一届★
"华北优秀教育图书"评选一等奖

打动中学生
情感
的168个故事

李琴 杨静 编著

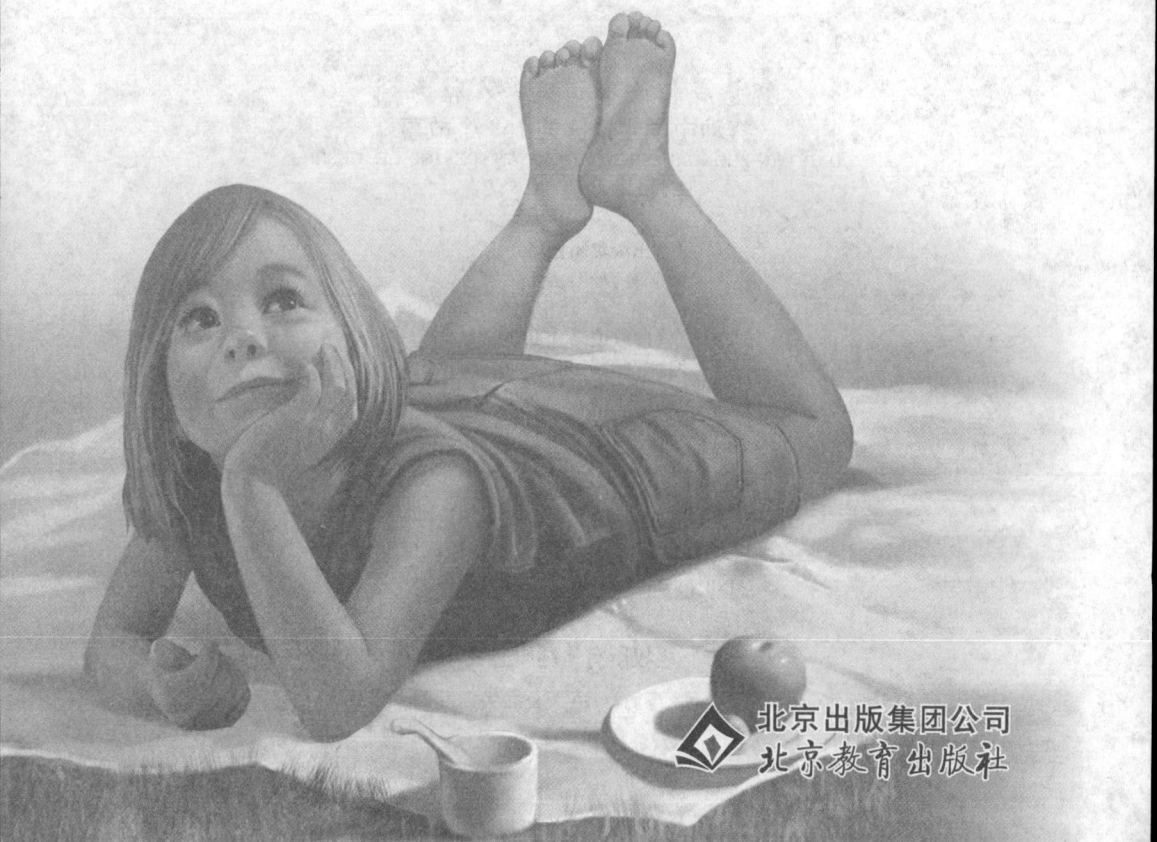

北京出版集团公司
北京教育出版社

U0723175

图书在版编目(CIP)数据

打动中学生情感的 168 个故事/李琴,杨静编著. – 北京:北京教育出版社,2005

(智慧成长故事 完美人格系列)

ISBN 978 – 7 – 5303 – 4840 – 6

Ⅰ.①打… Ⅱ.①李…②杨… Ⅲ.①思想修养 – 青少年读物 Ⅳ.①B825 – 49

中国版本图书馆 CIP 数据核字(2005)第 111243 号

智慧成长故事 完美人格系列

打动中学生情感的 168 个故事

DADONG ZHONGXUESHENG QINGGAN DE 168 GE GUSHI

李 琴 杨 静 编著

*

北京出版集团公司

北京教育出版社 出版

(北京北三环中路6号)

邮政编码:100120

网址:www.bph.com.cn

北京出版集团公司总发行

全国各地书店经销

三河市嘉科万达彩色印刷有限公司印刷

*

787mm×1092mm 16 开本 印张 15 300000 字

2005 年 10 月第 2 版 2016 年 4 月修订 第 11 次印刷

ISBN 978 – 7 – 5303 – 4840 – 6/Ⅰ · 15

定价:29.80 元

第 **1** 章

谁言寸草心，报得三春晖

第2章

春蚕到死丝方尽，蜡炬成灰泪始干

第3章

遥知兄弟登高处，遍插茱萸少一人

第4章

洛阳亲友如相问，一片冰心在玉壶

目录 CONTENTS

第5章

云想衣裳花想容，春风拂槛露华浓

第6章

先天下之忧而忧，后天下之乐而乐

第7章

江南好，风景旧曾谙

第 **1** 章

谁言寸草心，报得三春晖

　　要回顾你的生命历程，不如数数母亲额角的皱纹；
要回首你的岁月痕迹，不如看看父亲手上的老茧。

　　在这个世界上，或许只有亲情才是最持久的。亲
情，是我们人生的出发点，也是我们生命得以延续的源
泉。亲情是一种与生俱来的情愫，是一种无法割断的精
神纽带。

　　亲情是一种最简单、最直接，却最真挚的感情。亲
情似水，淡淡的，只有用心去品，才会发觉个中滋味；
亲情是酒，愈久弥醇，会让人陶醉。亲情是我们最珍贵
的情感之一，它无需伪装，更无法掩饰。于是，在一个
个看似平凡的故事中，我们一次次收获着感动。

·母爱的力量·

一位母亲身中 14 刀，却还依然紧紧抱着怀中的 11400 元钱。这些钱究竟为何对她如此重要，致使在生命受到严重威胁的时候她依然不放手？

2012 年 4 月 25 日，夜色凝重，凄厉的风游走在城市的每个角落，而这一天对于刘菁和她的母亲来说，注定是不平凡的一天。

刘菁出生在四川眉山一个和谐美满的家庭，生得靓丽可人，是邻居们心中的小公主，母亲陈瑞琼更是把所有的爱都倾注到了女儿身上。日子就这么幸福地、淡淡地过着。一切终止在刘菁 25 岁这一年，因为在这一年刘菁患上了尿毒症。母亲为了她费尽了心力，当医生告诉陈瑞琼她女儿的病可以通过换肾治疗时，陈瑞琼的脸上露出了难得的笑容，对于她来说，只要能为女儿治病，一切的苦难都不是苦难。

日子就这么一天一天在煎熬中度过，母亲的心也如被太阳炙烤般焦灼，因为医院一直都没有关于肾脏捐献者的消息，而女儿的病情在一天天地恶化。这时，母亲陈瑞琼做出了一个重要决定，她要亲自为女儿捐肾，而上天也特别眷顾这对母女。经过检查，母亲的肾脏和女儿的配型成功了。可是，手术费却成了一个难题，到如今，为了给女儿治病，陈瑞琼已经将亲戚中能借的钱都借完了。皇天不负有心人，医院经过多方协商，为这对母女减免了大部分手术费，而陈瑞琼今晚也将回到家中，因为她要去取家人好不容易凑齐的这 11400 元手术费，为女儿治病。

这一天，走在回家路上的陈瑞琼感觉步伐都是轻松的，因为，她知道，女儿有救了，这对于一个母亲来说是比任何事情都值得开心的。就当陈瑞琼怀揣这笔女儿的救命钱走在距离自

家小区不到 40 米的巷子里时，一个声音如从地狱般传来："站住！把你所有的钱都拿出来！"可此时的陈瑞琼哪里肯放手，这可是她女儿的救命钱啊！对于她来说，怀里的这笔钱不仅仅是手术费，更是女儿的生命。歹徒也不肯轻易放弃，在陈瑞琼死命的挣扎中，他痛下毒手，一刀捅了下去，一股钻心的疼痛顿时袭遍陈瑞琼的全身，歹徒本以为这一捅她就会放手，但狠毒的歹徒并不知道这位母亲此时心里想的是什么，于是就那么一刀一刀地捅了下去，可陈瑞琼就那么一直地抱着那些钱，不肯放手……于是就有了故事开头的一幕。

吊在井桶里的苹果

有一句话讲，女儿是父亲前世的情人。说的是做女儿的，特别亲父亲；而做父亲的，特别疼女儿。那讲的应该是女儿家小时候的事。

我小时候也亲父亲。不但亲，还崇拜，把父亲当成举世无双的英雄一样崇拜。那个时候的口头禅是，我爸怎样怎样。仿佛拥有了那个爸，一下子就很了不得似的。

母亲还曾"嫉妒"过我对父亲的那种亲。一日下雨，一家人坐着，父亲在修二胡，母亲在纳鞋底，就闲聊到我长大后的事。母亲问，长大了有钱了买到东西给谁吃啊？我几乎不假思索脱口而出，给爸吃。母亲又问，那妈妈呢？我指着一旁玩的小弟弟对母亲说，让他给你买去。哪知小弟弟是跟着我走的，也嚷着说要买给爸吃。母亲的脸就挂不住了，继而竟抹起眼泪来，说白养了我这个女儿了。父亲在一边讪笑，说孩子懂啥，语气里却透着说不出的得意。

待到我真的长大了，却与父亲疏远了。每次回家，跟母亲有叨不完的家长里短，一些私密的话，也只愿跟母亲说。而跟父亲，却是三言两语就冷场的。他不善于表达，我亦不耐烦去

天下的父亲似乎都不善言辞，不会对孩子说些什么大道理，而总是默默地站在远处关注着孩子的成长。那个对女儿无意间送的一件衣服露出的惊喜的表情，那一声对孩子无心的允诺而失望的叹息，那一桶吊在井里的苹果，无一不诉说着父亲沉甸甸的爱。有父如斯，怎能不感动？

问他什么。无论什么事情，问问母亲就可以了。

也有礼物带回，却少有父亲的。都是买给母亲的，衣服或者吃的。感觉上，父亲是不要装扮的，永远的一身灰色或白色的衬衫、蓝色的裤子。偶尔有那么一次，学校开运动会，每个老师发一件白色 T 恤，就挑了一件男式的，本想给爱人穿的，但爱人嫌大，也不喜欢那质地。回母亲家时，我就随手把它塞进包里面，带给父亲。

我永远忘不了父亲接衣时的惊喜，那是突然间遭遇的意外啊。他脸上先是惊愕，而后拿着衣服的手开始颤抖，不知怎样摆弄才好。笑半天才平静下来，问怎么想到买衣服给他的。

原来父亲一直是落寞的啊，我忽略得太久太久。

这之后，父亲的话明显多起来，乐呵呵的，穿着我带给他的衣服。三天两头打电话给我，闲闲地说些话，然后好像是不经意地说一句，有空多回家看看啊。

暑假到来时，又接到父亲的电话，父亲在电话里很兴奋地说，家里的苹果树结了很多苹果，你最喜欢吃苹果的，回家吃吧，保你吃个够。我当时正接了一批杂志约稿在手上写，心不在焉地回他，好啊，有空我会回去的。父亲"哦"一声，兴奋的语调立即低了下去，是失望了。父亲说，那记得早点儿回来啊。我"嗯啊"地答应着，把电话挂了。

一晃近半个月过去，我完全忘了答应父亲回家的事。一日深夜，姐姐突然有电话来，姐姐说，也没什么事，就是爸一直在等你回家吃苹果呢。

我在电话里就笑了，我说爸也真是的，街上不是有苹果卖吗？姐姐说，那不一样，爸特地挑了几个大苹果，留给你。怕摔坏，就用井桶吊着，天天放在井里面给凉着呢。

心被什么猛地撞击了一下，只重复说，爸也真是的，就再也说不出其他话来。井桶里吊着的不止是苹果，那是一个老父亲对女儿沉甸甸的爱啊。

母爱的三个瞬间

她终于失去了母亲，母亲给她留下的，只是一张她 100 天时的照片。照片上的母亲抱着她，但身子隐在她照相坐的椅子后面，前面只留下母亲抱着她的两只手。以至于她对儿时的母亲没什么印象，只是一看到照片上留下的母亲的两只手就想哭。

她对于母亲的理解，仅仅只有三个瞬间。

第一个瞬间在她很小的时候，她的记忆中几乎没有父亲的影子。也许曾经有过，但一定是她不能记事的时候了。记忆中，母亲总是佝偻着身子穿着缝满补丁的衣裳，背着一个破布袋，沿着街头的垃圾箱，一个接一个地搜索一些破铜烂铁。她从不让自己去想父亲，只是午夜梦回的时候，总会在睡梦中惊醒，然后泪流满面。

有一天，在她家那有些发霉的木头门前停下一辆气派的小轿车，很是扎眼，引来了全村的人看热闹。母亲使劲地把她搡到一个男人跟前，催促道："叫爸爸，快，叫呀。"她瞪着面前那个陌生的男人，咬了咬嘴唇，什么也没说。那天晚上，她很早就睡觉了，但是并没有睡着，她听见外屋的说话声，那么清晰地震动着她的鼓膜。

"我欠你们母女的，这我知道，可我真的没法带你们走，对不起，这些钱你们留着用吧，把门修一修，再做点小买卖，日子可能会好过一点……"她突然发了疯似的跑出去，抓过那厚厚的一沓钱狠狠地甩到男人的身上。然后，没有表情地跑回屋子，抱着枕头呆呆地坐在床沿。

不一会儿她听到皮鞋敲打地面的声音，还有引擎启动的声音，她躲在里屋的布帘后面，看见母亲蹲下身子小心地捡那散了一地的钱，肩膀一耸一耸的。她紧紧地咬住牙根，泪水浸湿

了怀里的枕头。

那一年，她只有7岁。

从那以后，她很少说话，像一个没有感情的冰冷动物一样只知道拼命地扎在书堆里，表情冷淡而漠然，所有的事情好像和她都没有关系，包括她的母亲。

第二个瞬间那年，她考上了省里的大学，母亲送她去车站。车快要开的时候，母亲突然从窗外向她伸出手："我知道，你认为我没用，这么多年来，我的确让你受了不少苦，妈对不起你，我这儿有一些钱，你拿着用吧，该花的就花，不要舍不得。"母亲颤巍巍地从怀里拿出一个厚厚的纸包，塞进她的怀里。车在那时启动了，她回头看去，母亲小小的身躯立在站台上，初秋的冷风吹起，吹乱了她的头发，也触动了她心里柔软的地方。她打开纸包，里面是叠得整整齐齐的钱，全是百元大钞。她突然想起那年被她砸出去的钱，想起父亲绝情的脚步，想起母亲一耸一耸的肩。她第一次哭得一塌糊涂。

有些记忆是永远也磨灭不掉的。北方的天，冬天总是长一些，她忘不了母亲一个人在清冷的大街上的叫卖声，那声音，好像穿透了她整个身体，凄惨而悲凉。

那一年，她18岁。

故事似乎告一段落，她以为自己明白了母亲，她开始好好地去接纳出现在她生命中的每一个人。她毕了业，有了一个爱她胜过爱自己的老公；她的事业蒸蒸日上，有了一幢漂亮的别墅，她让自己完全忘掉那扇破旧的、发了霉的木头门，她以为她扫除了自己生命中所有的阴霾。

可是，就在她以为她的新生活完全展开的时候，母亲却病危了。她匆忙地赶到医院时，母亲已经奄奄一息，她握着母亲的手，不停地说："妈，我现在有好大的房子，我接您和我一块儿住，我们再也不分开了，行吗，妈？"

母亲抽出手来，吃力地指指旁边的桌子。她拉开看，里面

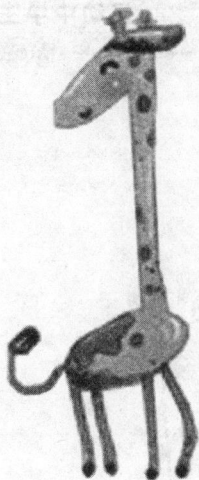

只有一个钱包似的夹子，那是母亲贴身带的东西，她一直以为里面装的是存单票据什么的。可是等她打开，里面只有这张她100天时的照片。照片上的她，圆圆的脸，胖胖的，笑得特别开心。母亲两只左右护着的大手，显得格外清晰。她的记忆闸门在那一刻突然打开，从那以后，她就再也没有和母亲合过影了。

她第一次，第一次痛到没有感觉，痛得没有流下眼泪。

三个瞬间，只是三个小小的瞬间啊，就这样简简单单收拾了母亲的一生，就这样轻轻松松了结了她真正的牵挂。

·父 亲·

迁新居，在整理过程中，找到了一张童年时的照片，在我的记忆中，这是记载我童年生活唯一的一张照片。

这张照片，摄于 30 多年前。照片上那扎着羊角小辫的小姑娘就是童年时代的我；那挺着胸、昂着头，神气十足的小男孩就是我的哥哥；那清瘦却英俊，对生活充满信心，脸上挂着慈祥笑容的中年男子就是我的父亲。人们不禁要问：为何没有你的母亲？是啊，我的母亲在哪里呢？

30 多年前冬天的一个深夜，一场突如其来的车祸带走了我们的母亲，一张白布将母亲和我们隔在了两个世界。年仅 5 岁的我和年仅 8 岁的哥哥扑在妈妈僵冷的躯体上摇晃着，哭喊着："妈妈，别离开我们！我要妈妈！我要妈妈！"兄妹俩凄厉的哭声，穿过夜空，震荡着在场每一个人的心，人们无不为之动情流泪。同时，大家都在为我们兄妹今后的命运担心：没妈的孩子，今后可怎么过啊！我的姨娘也怕我们受委屈，坚持要把我们兄妹带走，替自己的姐姐抚养孩子。听到大人们的窃窃私语，看到人们担忧的表情，年长我 3 岁的哥哥紧紧拉着我的手，想要用他那稚嫩的臂膀保护年幼的妹妹，兄妹俩无助地依偎在一起，任凭泪水顺着脸颊不停地流淌。这时候，我们的父亲，强忍着失去爱妻的痛苦，将我和哥哥紧紧地抱在他的怀

感悟
ganwu

父爱，也许比不上母爱的细腻，却是如山一般深沉、温馨。父爱，不仅是人生的航标，指引着我们前进；而且也如涓涓细流，春夏秋冬滋润着我们干枯的心田……

7

中，迎着人们猜疑的目光，对大家也像是对自己说："他们的妈妈走了，他们还有爸爸，只要有我，就绝不会让孩子受到一点委屈。"我和哥哥抬起头，透过泪眼，看到了父亲坚强的目光。我们像一对受伤的乳燕，一头扎进了父亲那温暖的怀抱。姨娘含着泪水，有些担心地走了。从此以后，在这个贫穷寂静的小镇里，人们每天都可以看到一个中年男子领着一双幼年的儿女，迎朝阳、送晚霞，蹒跚在艰难的生活道路上。他用他那有力的双臂，独自支撑着这个风雨中摇晃的小巢。

妈妈去世后，家里的经济状况更加困难，做小学教师的父亲每月工资只有几十块钱，不仅要供养两个孩子的生活，还要偿还母亲生病时的借款。在我的记忆中，父亲每月领到工资首先就将上月的借款还了，剩下的钱就节约着用，当月下旬无钱时又找人借，家里就一直这么拖着过日子。有时实在借不到钱，父亲就去街上捡些烂菜帮子加点水煮给我们吃，小时候不懂事，总不愿意吃，可父亲一点也不生气，总是笑眯眯地哄着我们。后来，我们在爸爸所在的学校食堂吃饭，别的老师一人一月的伙食费比我们三人的还多。每天吃饭时，父亲总是等我和哥哥吃饱，剩下多少他就吃多少，有时我和哥哥不懂事，把饭全吃完了，父亲也不责怪我们，将剩下的菜汤冲一些开水充饥，还风趣地对我们说："你们不知道吧，这叫营养美味汤！"每月发工资那天，无论手上的钱还完借款后还剩多少，父亲总会领着我们兄妹上街去吃一碗几分钱的面条，并把面碗里少得可怜的肉丁拨给我们兄妹，以此为我们解馋。节日到了，别的孩子有新衣服穿，父亲将自己的旧衣服改一改，我们也就有了别致合体的服装，谁也不会相信我童年时那些漂亮的童装是出自一个男人的手。别的家长为孩子买玩具，我们家买不起，父亲就自己动手，找点碎玻璃做万花筒，找点竹片和纸，为我们扎白兔灯，看到很多孩子羡慕的目光，我们好得意啊。我们的童年生活虽然清贫了一些，但同样快乐温馨，我们没有感到失去母亲的痛苦，从父亲那里，我们得到了更多的爱和呵护。

转眼间，母亲去世一年了，远在他乡的姨娘写信来了解我们兄妹的生活情况，为了让他乡的亲人放心，父亲带着我们照下了这张记载着我童年生活唯一的照片。照片上的兄妹俩衣服整洁、身体健康，脸上洋溢着幸福和快乐，谁能看得出这是一对失去母亲的孩子。

30多年过去了，父亲硬是没有再娶，用他全部的爱，把我和哥哥抚养成人。生活的年轮刻在了他曾经英俊的面孔上，他的步履开始蹒跚，黑发泛起了霜花，过度的劳累使得父亲提前老了。为了我们的成长，父亲含辛茹苦，呕心沥血，用他的臂膀为我们遮风挡雨，建起生命的港湾。今天，当我翻开童年的记忆，我要深情地对父亲说："亲爱的爸爸，谢谢您！是您给了我如山的爱，是您给了我生命的阳光，女儿一定不辜负您的培养，我要像您那样坚强地走在人生的道路上。相信吧，女儿已经长大，不用再牵着您的衣襟，走过春夏秋冬！"

母爱是一种本能

"危险裹胁生命呼啸而来，母性的天平容不得刹那摇摆。她挺身而出，接住生命，托住了"幼吾幼以及人之幼"的传统美德。她并不比我们高大，但那一刻，已经让我们仰望。"这是"2012十大感动中国人物"评选委员会写给吴菊萍的颁奖词。字里行间让我们深深体会到了母爱的伟大，这种伟大不需要思考，因为它只是一种本能。

2011年7月2日下午，杭州某小区，2岁女童妞妞从10楼坠落，恰巧经过楼下的吴菊萍看到了这一幕，来不及思考，来不及犹豫，因为仅仅只有一秒钟的时间，她奋不顾身地冲过去用双手接住了孩子，伴随着一阵钻心的疼痛，吴菊萍倒在了地上。

被送往医院的吴菊萍一直处在昏迷之中，医生诊断她的手臂为严重性骨折。一般人手臂所能承受的重量只有45公斤，而妞妞接触到吴菊萍手臂的那一秒，相当于一个335.4公斤的

感悟
ganwu

是母爱创造了奇迹。勇敢的母亲看到孩子有危险的时候，即便那不是自己的孩子，也没有丝毫的犹豫，会抛开个人安危挺身而出。是一位母亲的勇敢给了妞妞生的机会。

物体。从物理学上讲，这几乎是不可能的，但爱的世界里没有力学。那一瞬间，一个平凡的女人完成了一个奇迹。

被同时送往医院的还有妞妞，妞妞爸爸说："出事的时候我在出差，当时我想，孩子从 10 楼掉下去，肯定没救了，哪里知道有好心人接住了她，这就是奇迹，所以我相信还会有奇迹发生，妞妞会醒来！"

故事很快传开了，所有的人都想了解吴菊萍，这位在瞬间接住妞妞的平凡女人。有记者采访吴菊萍，问道："你知道如果妞妞从高空坠落时落在你的脖子上，可能造成你高位截瘫吗？如果落在你头上，你可能当场死亡吗？"

醒来后的吴菊萍很淡然地回答道："我不知道，也没有考虑那么多，我只是出于一种本能，我没有其他的办法，时间太短，我只能用手去接住她。"

事发后，吴菊萍打电话到公司，只是说胳膊断了，可能要请三个月的假，语气轻描淡写，丝毫没有觉得自己很伟大。因为在她心中，她只是一个 7 个月大的女孩的母亲，当她看见别的孩子有危险的时候，她要像爱护自己的孩子一样去尽自己所能地挽救她，这只是一种本能，无关其他。

给女儿的一封信

这是一位离婚的母亲写给女儿的一封感人至深的信。

亲爱的女儿，我天底下最可爱的女儿，可曾记得世上还有时刻牵挂你疼爱你的妈妈！女儿，你出生三天后，妈妈给你取名乐乐，是希望你能快快乐乐地过一生。如今，妈妈失去了美丽的家园，不能日日夜夜守着你，给你体贴，给你关心，给你一生中最重要的温暖的母爱！留在妈妈心中的是永恒的伤痛！

女儿，妈妈离开你是迫于无奈，但你的影子每时每刻都在我的生命里盘旋。你的一言一行，你的笑甚至你的哭，都铭刻在我的心上！我无时无刻不在牵挂你，牵挂你生活中的衣食住

行！此时此刻，妈妈无法承受孤独，在伤感的音乐中思念你，在流泪，只需看你一眼，也会得到一丝的安慰；此时此刻，妈妈多想拥抱你，陶醉在拥有你的幸福之中！

记得那是在你三四岁的时候，有一天，你在房子里玩积木，妈妈出去倒垃圾时，一阵风吹过，门被锁住了。钥匙放在房间的桌子上，窗户又关着，怎么办呢？想砸碎玻璃又怕伤着你。危急之时，我趴在玻璃窗上向你招手示意，你是那么聪明，很快领会了妈妈的意思，在妈妈的鼓励下，你爬上桌子拿到钥匙，妈妈指引着你，你蹒跚地走到门前，把钥匙从门缝塞出来。妈妈拿到钥匙时，你的眼睛笑成了一弯新月，你脸上那种胜利的喜悦让我真切地感受到一种甜蜜！妈妈搂住你不住地亲吻，把你举起来欢呼，你咯咯地笑个不停，妈妈在幸福中陶醉了！我真想立刻把这个故事告诉每一个人来分享我的快乐，让他们知道我有这样聪明可爱的女儿！如今，妈妈再也没有这样的机会为你的事迹而辉煌，再也不能享有这激动人心的一刻。

那天，你从幼儿园回来，一边唱歌一边表演动作："我的好妈妈，下班回到家，劳动了一天，多么辛苦啊！妈妈妈妈快坐下，请喝一杯茶，让我亲亲你吧，让我亲亲你吧，我的好妈妈！"

听着这首歌，我无比欣慰，抱着你怎么也亲不够。这首歌妈妈百听不厌，每当做完家务疲劳时，就一次又一次请你表演，认真地为你鼓掌，疲劳会烟消云散。

如今，我的女儿，妈妈失意悲伤时，多想得到你歌声的安慰，多想拥有你的快乐！

我和你爸爸感情决裂，无法继续生活下去时，我试着问："乐乐，妈妈和爸爸要分开生活，你跟谁?""跟妈妈!"你毫不犹豫地说。

"妈妈没有钱，爸爸会给你买好吃的东西，买漂亮的衣服!"

"我就要跟妈妈！妈妈，别把我一个人留下就走。妈妈，

11

我跟你上街不要好吃的东西，不要漂亮的衣服!"4岁的女儿很诚恳地说。

我不由得搂紧了女儿，孩子，妈妈找工作是很困难的，怕你跟着我受罪，况且你爸爸是不会答应的。

女儿，妈妈想你无法克制的时候，常常一口气登上289级台阶，来到高山树林眺望。山的对面是你和你爸爸的家……

我深情地凝视着，眼珠成了木刻似的，还是看不见你的影子! 直至黑暗笼罩整个城市，才无可奈何地拖着脚镣下山!

那次，忽然看见了你的影子，我差点儿欢呼跳跃，伸出双臂去拥抱你，但我的双臂太短，远远够不着!

每次登山，常常有一对对恩爱夫妻牵着孩子从我身边嬉笑追逐，飘然而去。唯我独坐一角哀伤，怎么擦也擦不完从眼角流出的泪!

如今，妈妈迫于生计，无奈远离了你，竟然失去了遥望你的影子得到安慰的机会!

女儿，妈妈离开时，带你拍照，送你用66颗草珠子穿起来的项链，裁了整整两幅挂历，为你准备了足够多的书本皮……你能懂得妈妈的爱心吗? 难道你会像你爸爸一样背叛我? 女儿，我的骨，我的肉，离开你的日子，每次看见别人的小孩，甚至在商场看见微笑的儿童模特就会想起你，就会伤心。但是，妈妈不能暂时为了你而在不久的将来变成疯子。

女儿，只怨妈妈懦弱无能，不能守在你的身边保护你。因为妈妈首先没有能力保护自己! 我会始终独身，努力奋斗，期待着你的健康成长! 拥有你的日子将是我快乐的节日。

女儿，你不懂妈妈走后永远不能再回这个家，只有你帮妈妈搬东西，想随我而去……

几乎夜夜梦中抱着你，可惜好梦易醒难成真!

女儿，我在写这篇文章时咽喉的胀痛艰涩使我几乎窒息，擦不完的相思泪使我多次停笔……

· 忍着不死 ·

一位从朝鲜战场归来的英国战地记者给一群大学生放映了一卷他在战场上实拍的影片：画面上有一群人奔逃，远处突然传来机枪扫射的声音，小小的人影，就一一倒下了。放完后，他问同学们看见了什么。"是血腥的杀人画面！"他没有说话，把片子摇回去，又放了一遍，并指着其中的一个人影："你们看！大家都是同时倒下去的，只有这一个，倒得特别慢，而且不是向前仆倒，她慢慢地蹲下去……"看到同学们还是看不懂的神色，他居然抽泣了起来："当枪战结束之后，我走近看，发现那是一个抱着孩子的年轻妈妈，她在中枪要死之前，居然还怕摔伤了幼子，而慢慢地蹲下去。她是忍着不死！"

· 第一趟班车 ·

我上床的时候是晚上 11 点，外面下着小雪。我缩到被子里面，拿起闹钟，发现闹钟停了——我忘记换电池了。

天这么冷，我不愿意再起来，就给妈妈打了个长途电话："妈妈，我闹钟没电池了，明天还要去公司开会，要赶早，你 6 点的时候给我打个电话叫我起床吧。"妈妈在那头的声音有点儿哑，可能已经睡了，她说："好，乖。"

电话响的时候我正在做一个美梦，外面的天黑黑的。妈妈在那边说："小桔快起床，今天要开会的。"我抬手看表，才 5 点 40。我不耐烦地叫起来："我不是让你 6 点叫我吗？我还想多睡一会儿呢，被你搅了！"妈妈在那头突然不说话了，我挂了电话。

起来梳洗好，出门。天真冷啊，漫天的雪，天地间茫茫一片。公车站台上我不停地跺着脚。周围黑漆漆的，我旁边却站着两个白发苍苍的老人。我听老先生对老太太说："你看你一晚都没有睡好，早几个小时就开始催我了，现在等这么久。"

"忍着不死！"何等伟大的母爱！这份爱超越了生死，超越了时空，超越人世间一切海枯石烂、沧海桑田，这就是平凡而深重的母爱！在生死存亡的那一刻或许只有母亲才能做到这一点。

13

生活需要感恩，尤其是亲情。父母给予孩子的许许多多，孩子会认为理所当然，不是所有儿女都懂得向父母回赠些许。父母不是渴望什么回报，只需要我们真心向他们问候一声。

是啊，第一趟班车还要五分钟才来呢。

车终于来了，我上车。开车的是一位很年轻的小伙子，他等我上车之后就把车开走了。我说："喂，司机，下面还有两位老人呢，天气这么冷，人家等了好久，你怎么不等他们上车就开车？"

那个小伙子很神气地说："没关系的，那是我爸爸妈妈，今天是我第一天开公交，他们是来看我的！"

我突然就哭了。手机上，我看到爸爸发来的消息："女儿，妈妈说，是她不好，她一直没有睡好，很早就醒了，担心你会迟到。"

忽然想起一句犹太谚语：

父亲给儿子东西的时候，儿子笑了。

儿子给父亲东西的时候，父亲哭了。

守候亲情

已是深夜12点多了，因为顾客在对面小食摊喝啤酒还没有拿回啤酒瓶来，我只得百无聊赖地坐在小店里。此时，我见到住在楼上的徐伯带着一支手电筒走了过来。他在小店门口找了张凳子，坐了下来。

"徐伯，还不休息？"我礼貌地问道。

徐伯正若有所思地望着街道的前方，一听我问，忙回过神来说："唉，我那儿子还没有回来，我在等他呢！"

徐伯的儿子在西藏当兵，前几天刚回来探亲。我们见过徐伯的儿子，他长得高高大大的，一副标准军人的模样。在自己土生土长的小城，难道他会不知道回来？我困惑了，便坐在徐伯身边和他闲聊。

原本，徐伯的儿子已经两三年没有回家探过亲了，他现在回来，便有许多老同学、老朋友邀着与他相聚。数载不见，免不了把盏论酒。大家都是年轻人，喝酒喝到兴头时难免失去分

寸，醉了。

"我是怕他喝醉啊！"徐伯说道，"前天他在外面喝醉了，被朋友送了回来，因为喝得太醉，又没有手电筒，竟连门锁也开不开。我们做父母的担心啊！但儿子不去又不行，毕竟大家是老同学、老朋友，多年不见！"

望着年近半百的徐伯头上已星星点点地长出了白发，我不禁感动了。是啊，儿女小时，父母为儿女的成长担忧；儿女长大后，父母又为儿女的前途、婚姻操心；就算儿女已能为自己遮风挡雨，却还有老父亲在深夜的街头等候儿女的归来。这是一份如何至亲至爱的亲情！

我不禁想起自我们的小店开张几个月来，徐伯曾几次来问我们有没有白绒毛的大羊娃娃。我们进的布娃娃有小白兔、大熊猫、沙皮狗、卡通人物等等，但没有羊。徐伯听说没有，很失望，叫我们和供应商联系。但我们打电话到广州和韶关，批发商都说没有，要数量大才可以叫厂家定做。听见这个消息，徐伯只好降低了要求，只要有好看的中等大的羊娃娃也要。

我终于进到了一种会摇头的羊娃娃。徐伯见了，很是欣喜，马上买下。他告诉我们，他的儿子属羊，现在在西藏当兵，所以他买一个羊娃娃放在儿子在家里的床上，见物如见人。原来如此！大概是徐伯觉得只有一只羊娃娃还不够寄托他的念子之情吧，他又买了一个大的精致相框来放儿子的相片。

我正想着，对面吃消夜的顾客拿回啤酒瓶来给我。见此，徐伯也随即起身，把凳子递给我。然后走向对面还营业的小食摊，继续等候儿子归来。

我打烊回家了，徐伯却依然坐着，出神地望着街道的远方。

他，在守候着一份博大精深而深厚的亲情！

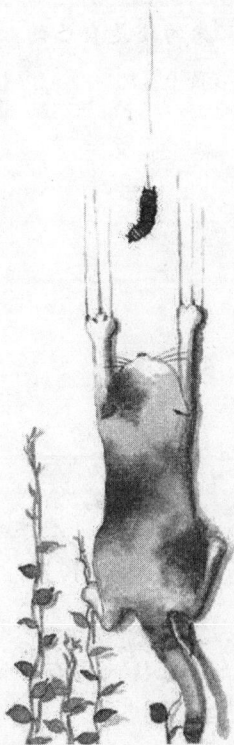

·选 择·

假设你和母亲、妻子、儿子同乘一船，这时船翻了，大家都掉到水里了，而你只能救一个人，你救谁？

这问题很老套，却的的确确不好回答，于是——

理智的丈夫说："我选择救儿子。因为他的年龄最小，今后的人生道路最长最值得救。"

现实的丈夫说："我选择救妻子，因为母亲已经经历过人生，至于儿子——有妻子在我们还会有孩子，还会是个完整的家。"

聪明的丈夫说："我会救离我最近的那个，离我最近的那个最可能被救起来。"

滑头的丈夫说："我救儿子的母亲。"——至于是指我自己的母亲还是儿子的母亲，你们去猜好了。

最后，老实的丈夫确实不知道应该怎么样选择，于是他只有回家把这个问题转述给自己的儿子、妻子和母亲，问他们自己应该怎么办。

儿子对这个问题根本不屑一顾："我们这里根本没有河，怎么会全家落水呢？不可能！"——他的年龄使他只会乐观地看待目前和将来的一切。

妻子则对丈夫的态度大为不满："亏你问得出口！你当然得把我们母子都救起来。我才不管什么只救一个人的鬼话呢！"——女人总是认为丈夫必然有能力，也必须有能力负担起他的责任。

最后，老实的丈夫又问自己的母亲。

母亲没等他把话说完，已经大吃一惊了，紧紧抓住儿子的手，带着惊慌说："我们都掉水里了，孩子你不是也掉进水里吗？我要救你！"老实的丈夫顿时泣不成声。

危险的时候你最先想到的会是谁？也许不同的人会给出很多答案，可是母亲最先想到的一定是自己的儿女。即便她自己处在危险中，她心里念的还是自己的孩子。

母爱无声

也许生在农村长在农村，注定真的就不善于表达感情，所以我的母亲显得很冷酷。从小到大，她一直在斥骂和棍棒下督促我成长，很多时候感觉我在她眼中真的连条狗都不如，用她的话说就是："养条狗见了主人还会摇尾巴，养你什么用也没有！"

上高中的那一天，要远行了，多么希望母亲能说几句暖心的送别话啊！即使是什么"多注意身体，冷了添些衣服"之类的平常话，我也会感到温暖很多，但母亲只是默默地给了钱，默默送我到门口，始终没说什么。我无言地离去，心中有些失落。

第一次到外地读书，言语不通，又远离家里，心里无限孤独。记得开学第二周，有一天天气骤然变冷，家近的很多同学的父母都送衣服或零食过来，我看在眼里，却只能在心里暗自羡慕，上学十年，父母何时到学校看过自己呢？从小学一年级开始，每次开学自己都是一个人，怀里揣着学费到学校报到。母亲心中有我吗？她不担心我吗？她爱我吗？她的关爱体现在哪里啊？想着想着，自己不由自主地落下泪来，心里又悲又愤："为什么母亲那么狠心啊？"

2002年9月，我又一个人踏上了前往桂林的火车。在前行的前一晚，父亲小心地问要不要陪我前往，我笑着说："如果你想一起去游桂林，那就同行，如果不想的话呢，我一个人就够了。"第二天，父亲就只送我到车站。车来了，父亲挥手告别，我也挥挥手，转身大步上了车。看着父亲一副不舍的样子，我心里没有离别的感觉！我的心竟如此冷酷？离家远行，为何竟没有分离的伤感？我什么时候变得那么坚强了？

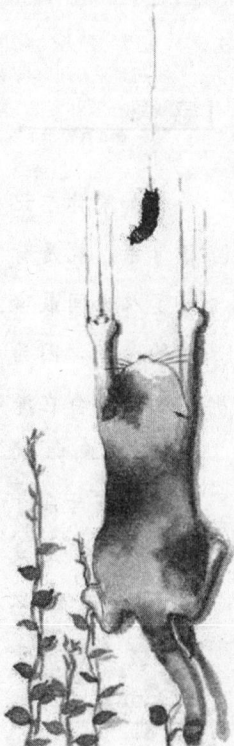

上了大学，进了很多社团，慢慢发现自己的办事能力比较突出，比起很多城里来的同学显得老练很多，我体会到这是从小练就的。归根结底：母亲对自己的"冷酷无情"竟然也有诸多好处！我从心里暗暗感激母亲多年来的"残忍"，她迫使我独立自强，不像很多同龄的孩子，凡事依赖别人，没有主见。慢慢地，一些事情浮现在脑海……记得暑假里有一次晚上吃饭，母亲轻轻问我在学校身体好不好。我笑着说："你不会也担心我吧？"母亲闷闷地说："怎能不担心啊！一个人在那么远的地方，又没有人照顾。"我的心猛地一缩，眼泪忽然就要出来。我期盼了多久的话语啊，原来母亲竟也是深爱着我的！她的话让我心里酸酸的，暖暖的，久久说不出话来，是懊悔，是感动？分不清这复杂的体会！母亲啊！你的爱为什么那么多年一直没见流露！你是不想表达，还是不善于表达呢？让我误会了那么多年！

感悟
ganwu

如果你忘记了母亲，就是背叛了人世间最珍贵的亲情，因为只有母亲会在深夜等着晚归的你，只有母亲才会守候在饭桌前。母亲的怀抱，才是你不变的家园。

· 爱 ·

明天就是母亲五周年的祭日了，已步入中年的我，对母爱的理解加深了很多，随着对母亲的思念，我的心情又一次沉重了起来。思绪不止一次地追到母亲健在时的情景。越来越清晰的记忆，捧出悄悄埋下的疼爱的种子……

五年前，母亲突然生病，病情非常严重，被家人送进了医院。当我去病房看母亲时，她正躺在病床上，因失血过多，面色苍白。看到眼前病重的母亲，我心里有种说不出的难过和内疚，平时好哭的我，强忍着没有让眼泪掉下，我不想让母亲看到我流泪。母亲双手吃力地扶着床头，想起来。我快步上前，把母亲的双手轻轻地拉了过来。我心里一颤——母亲的手好凉

啊！我知道她此次病得很重，女儿真的是对不起您，怎么会是这样呢？真的没有想到啊！母亲您怪我吧！是女儿不孝，是女儿太粗心……

每周按时回家看母亲的我，不相信眼前这一切是真的，我没有一点思想准备，感到的是晴天霹雳般的打击。我俯下身去，坐在母亲床边，母亲对我说："不要住院了，送我回去。"我劝母亲说："别这样好吗？如果没有事我们就回家……"母亲却一遍遍地恳求，并重复着那两句话："回家，回家……送我回家。"我又一次俯下身去靠近母亲，轻声对她说："妈，是不是怕花钱才要回家？别担心，我有钱给您治病，听话好吗？"病中的母亲像个孩子，此时的她不再说话了，似乎是放心了，无力地闭上眼睛睡着了。我一直这样坐着守护她……泪水不由得流下来，我深知母亲的时间不多了，伤心得不知如何是好。望着病重的母亲，心里想：妈妈，我太了解您了，您有未了的心愿，您的心事很重。姐姐单位不好，早已下岗在家，母亲平时把自己的生活费一降再降，用来补贴姐姐一家人的生活。记得有一次回去看母亲，她说这个月的生活费只留了 30 元钱，当时我没有在意，也没有追问为什么只留下 30 元的生活费，我还在想是不是把钱存起来了。直到母亲走后我才知道是怎么回事。

我很爱母亲，我们像亲密的朋友，无话不谈。她用手指数着我该回家的日子，如果晚了一天，她会用电话叫我："回来吧，妈想你了。"记得有一次，该到我回家看母亲的日子了，恰好有几个许久未见的朋友来看望我，我一时高兴领着朋友出去玩了一天，而把回家看母亲的事忘得一干二净。等到傍晚回来才刚想起此事，急忙给母亲打电话。电话那头的母亲已经急得快哭了，原来母亲见我一直未来，以为我出了事，给我打了十几个电话也没人接。我一边安慰着母亲，一边暗暗责备自

己，母亲却执意要我过去。我只得打了车赶过去，还没下车就看到母亲正在门口张望，昏黄的灯光下母亲的白发在闪光。等进了屋，我发现一桌摆得整整齐齐的饭菜，一筷子也没动过，原来母亲为了等我，竟一天没吃饭，我的鼻子一酸，眼泪止不住掉了下来……

每周回家看母亲，我都会买些荔枝，那是她最喜欢的水果。我对母亲的感情很深，她想什么，我都会有感应。姐姐常和我说，妈妈就喜欢小妹你回家，你回家她特别高兴，她的笑声也不一样。是啊，母亲开心的笑声不会再听到了，只剩下回忆……

病中的母亲不愿为自己的病花一分钱，但这是在抢救她的生命啊！在生命垂危之时，您还想着孩子，希望孩子们再过得好一点。真是可怜天下母亲心，母亲，您的爱太伟大了，让女儿们真正地感受到母爱的无私，女儿永远尊敬您，想着您，爱您——已故去的母亲。

母亲，您走了，您用这样的方式给女儿留下的那份爱，真的是太沉重了，您的这份爱压了我整整五年啊，每当我想起您的时候，心就会因内疚而不停地颤抖，女儿永远对不起您，明天就是您的五周年祭日，女儿去看您……

子贵——子归

小林要离开自己贫困而温暖的家了，年迈的母亲把他送到村口的老槐树下，母亲拉着他的手，用老布的围裙擦拭着浑浊的眼泪，一遍又一遍说着叮嘱的话，血红的夕阳映着老妈妈满头的白发，多少年后都在儿子的梦里飘扬。回头看看，再回头看看，母亲那苍老的身躯依偎着苍老的槐树投下的影子始终都在他的脚下，母亲那干枯的手在空中摇啊，摇啊……直到消失

不见的那一刻，小林痛哭出声。那年小林 16 岁。

带着无限的眷恋，小林来到了陌生而又繁华的城市。为了节省身上不多的钱，夜晚他睡在了天桥下，几张报纸就是床铺。小林看着天上的星星，家里的天和这里的不一样，有那么高，那么高，就像小时候妈妈清澈的眼光。想着想着，他就枕着嘈杂睡着了。梦里看见母亲把他拥在怀里说：孩子不怕，孩子不怕，你也有爸爸，爸爸也很疼小林，他一定会从远方回来看小林的。

总算在工地找到一个体力活儿，小林每天挥汗如雨，想着远隔千里的母亲，他下定决心一定要争口气。晚上他带着一身的疲惫在简易的工棚里给家里写信：亲爱的妈妈，我在这里很好，在一个工厂里打工，不怎么累，再过一个月我就可以给家里寄钱了，妈妈我想你……母亲叫人回信了：孩子，在外面要好好地听话，不要惦记家里，妈妈很好，如果觉得苦了、累了就回来，妈妈等你。

八月十五了，看着圆圆的月亮，小林跪在地上给远在天那一边的妈妈磕了三个头。黑夜里隐隐有一个声音在抽泣。他已经不在工地干了，因为表现好他换了比较轻松的工作，工资也提高了。繁忙的工作让他在中秋节也回不了家。回想小时候，没有爸爸，妈妈总是把唯一的一块月饼给他，自己却看着那一轮皎洁的明月发呆，小林知道她是想爸爸了。他没有见过自己的爸爸，那时候妈妈告诉他爸爸去很远的地方了，现在他知道爸爸出去打工死在了一次事故当中，妈妈还不到 40 岁，却有了白头发。

有一个本地姑娘喜欢上了善良的小林，女孩的父母也很喜欢他。但是姑娘说她不会嫁去小林的山村。小林很为难，他也那么深地爱着她呀！他在宽敞的宿舍里给妈妈写信，窗外的栀子花洋溢着淡淡的清香。亲爱的妈妈，我爱上了一个可爱的女

| 感 悟
ganwu

子贵——子归。当儿子富贵的时候，是否记得曾经养育激励你的母亲。母亲要的不是富贵，只是游子的早归。

孩子，她有百合一样的脸庞，泉水一样的眼睛，让我着迷，我很爱她，也想娶她，但是她却不愿意随我来到咱们的家乡，我好难过，妈妈我该怎么办呀？妈妈叫人回信了：我的孩子，妈妈知道家里的土地养不下娇艳的百合，只要你愿意你就留下吧，只要你活得好，妈妈就高兴。只是妈妈好想看看媳妇的模样，摸摸媳妇的手呀！

出来8年了，小林在渐渐熟悉的城市安了家，有了很好的工作和美丽的妻子，尽管有很多打算，当中他只回过一次家。慢慢地，他往家里寄的书信也越来越少了，字也越来越少了。家乡没有电话，母亲也没有他的电话号码，开始母亲一直来信，后来也没有寄过来了。这次小林请了假满心欢喜地带着妻子去看妈妈。

小林跪在了母亲的墓前，泪水浇湿了墓碑上亲切的母亲的名字，他在忏悔，他用手捶着自己的头，却哭不出声音。

母亲已经走了，自没有书信的那天起母亲就走了。她留给小林一沓钱，是小林寄回来的，一分都没有动过。当她每天盼望着能见一面的新媳妇就站在身后的时候，她却躺在了土中。妻子也热泪盈眶，看着丈夫迷惘、后悔的眼神，说着他和母亲的种种。慢慢地，天色暗了起来，夕阳变红了，仿佛那六年前离别的夕阳，小林依稀地、依稀地看见了母亲头上飘扬的白发，杜鹃叫了，叫着"子归，子归"，飞走了……

· 纤 夫 ·

初二那一年冬天，家中遭逢变故，其时家境并不宽裕，此一来更是雪上添霜，平添许多困苦。父亲决定将院子里的一块空地开辟成葡萄园，以求添得一份经济来源。

那时家中也真正拮据到了极致，无法分出钱来购进钢筋水泥，只得到很远的山上去砍伐木材，运回来搭葡萄树架。其时我正放寒假在家，父母叫我在家中休息，我坚决不肯。父亲笑了笑，眼中甚多辛酸，我也觉得有一些心酸，气氛顿时沉重，家中三人均是黯然无语，良久默然。

第二日清晨，父亲借了两柄斧头，和我到山中去伐木材。寒冷的风刮在脸上隐隐地痛。一路无语。到了山头，父亲选好要砍伐的木材，开始埋头砍树。只砍倒一株我已然累得满头大汗，浑身无力，手上也磨起了血泡，父亲叫我回家，我仍是坚决不肯。再砍不多时，已是满眼金花乱舞，没有力气了，甩了一把汗水，想起家中辛酸，又舞起斧头。

我砍倒两株时，父亲已经砍倒了七株。他看我身体疲累，说道："就剩下一株了，我来砍，你先回去休息，下午运回去的时候你再来帮忙。"我看他满头大汗，气喘吁吁，一向整齐的头发也凌乱地贴在脸上，不由心头一酸，应了声好，转过身来，忍不住潸然泪下。

回到家中吃过午饭，父亲叫我睡一会儿，等他叫好车下地的时候叫醒我。我应了一声，走进卧室倒头便睡。

醒来的时候，家中无人。我披上外衣来到伐树的山头，已经有九根木材从山中运出来放到车上了，往山中看时，父亲正和母亲抬着一根木材从树林里出来。他们单薄的身体在冷冷的风中摇摇晃晃，很艰难地挪动着脚步，仿佛不堪重负。父亲的头发凌乱地粘在额头上。看到我来，父亲勉强笑了笑，依旧有些辛酸，却终于有了些欣慰和坚毅。整个世界在凄冷的风中仿佛要凝固了，充斥着凄凉、萧索。一时痛上心头，再也忍不住，泪水又流出来。

下午开始搭架，家中三人齐心协力，倒也没有多大困难。

最后一根主干上架的时候，我们先将木材的一头抬上架，搁在架上，然后再合力将另一端抬上去。我在木材最细的一

感悟
gǎnwù

是啊！父亲不就是那为我们拉纤的纤夫吗？父亲的坚强往往被他的平凡所淹没，父亲的伟大也被我们在日常的琐碎中遗忘。

23

端，母亲在中间，父亲在已经抬上去的一端。正用力抬的时候，我不经意间回头，发现父亲的脸霍地变得惶急、凝重。抬眼望去，原来原本搁在架上的一端从架上滑下来了！我顿觉一股大力压下来，心中大骇，要躲已然不及。母亲也是面色大变，一时无措。只见父亲猛一咬牙，挺肩迎住滑落的木材！神色极其平静！

我和母亲都无恙，因为所有的痛楚都被父亲一个人承受了。父亲猛烈地咳嗽起来，母亲含泪将他扶起，我在一边手足无措，泪落如雨。父亲笑笑，说："人生本就绝无平坦可言，受些坎坷挫折是在所难免的。这点小事能算得了什么呢？关键是要有勇气挺过去！你懂了吗？"我转身抹去眼泪，回过头来，父亲正看着我。我想起几句诗来："灵魂啊/迷茫、失望、绝望的时候/抬头看看前面/那拉纤的父亲吧/粗重的纤绳/正勒进肉里/压迫着骨/和心。"

爱与恨

新生入学，某大学校园的报到处挤满了在亲朋好友簇拥下来报到的新同学，被送新生的小轿车挤满的停车场，一眼望去好像正举行一场汽车博览会，学校的保安这些年虽然见惯了这种架势，但仍然警惕地巡视着，不敢有半点闪失。

这时，一个粗糙的手里拎着一只颜色发黑的蛇皮袋、衣衫褴褛的中年男人出现在保安的视野中，那人在人群里钻出钻进，神色十分可疑。正当他盯着满地的空饮料瓶出神的时候，保安一个箭步冲上去，揪住了他的衣领，已经磨破的衣领差点给揪了下来。

"你没见今天是什么日子吗？要捡破烂也该改日再来，不要破坏了我们大学的形象！"

那个被揪住的男人其实很胆小，他第一次到这个城市来，更是第一次走进大学的校门。当威严的保安揪住他的时候，与其说害怕不如说是窘迫，因为当着这么多学生和家长的面，他一时竟说不出话来。这时，从人缝里冲出一个女孩子，她紧紧挽住那个男子黑瘦的胳膊，大声说："他是我的父亲，从乡下送我来报到的！"

保安的手松了，脸上露出惊愕：一个衣着打扮与拾荒人无异的农民竟培养出一个大学生！不错，这位农民来自一个偏僻的山区，他的女儿是他们村有史以来走出的第一位大学生。他本人是个文盲，十多年前曾跟人远远地到广州打工。因为不识字，看不懂劳务合同，一年下来只得到老板说欠他500元工钱的一句话。没有钱买车票，他只得从广州徒步走回湖北鄂西山区的家，走了整整两个月！在路上，伤心的他暗暗发誓，一定要让三个儿女都读书，还要上大学。

女儿是老大，也是第一个进小学念书的。为了帮家里凑齐学费，她8岁就独自上山砍柴，那时每担柴能卖五分钱。进了中学后住校，为节省饭钱，她六年不吃早餐，每顿饭不吃菜只吃糠饼，就这样吃了六年。为节省书本费，她抄了六年的课本……

如今她终于实现了父亲的也是她的愿望，考上了大学。父亲卖掉了家里的一头牛，又向亲朋好友借贷，总算凑齐了一半学费。父亲坚持要送女儿到大学报到，一是替女儿向学校说说情，缓交欠下的另一半；二是要亲眼看看大学的校园。临行时，他竟找不出一只能装行李的提包，只好从墙角拿起常用的那只化肥袋。

在去报到的路上，他本想买两张车票。可是因为修路车票涨价，每张票由原来的两元涨到了五元。他不敢坐车，这五元钱对他来说是他几天捡破烂的收入。他想给女儿买票，自己

走过去，女儿执意不肯，非要父亲坐车，结果两个人步行了五公里才来到学校。此时他绝对想不到会在这个心目中最庄严的场合被人像抓小鸡似的拎起来。当女儿骄傲地叫他父亲，接过他的化肥袋亲昵地挽着他的胳膊在人群中穿行的时候，他的头高高地昂起来，那是一个父亲的骄傲，也是一个人的骄傲。

报到结束了，还有些家长在学院附近的旅馆包了房间，将陪同他们的儿女度过离家后的最初时光。但他不能，想都不敢想。他一天也不敢耽误返程的时间，而且他的路比别人都要遥远，因为他将步行回到小山村。不过，这一次步行，他会比一生中的任何一次都要欢快，他知道能买得起一张车票的日子已经近了……

这个农民是一个坚强的父亲，那个女儿是一个勇敢的女儿，但生活中也不乏让父亲伤心的怯懦的儿女。

读高中的时候，有一年校园翻建校舍。下课后趴在教室的走廊上观看工人们忙碌地盖房子，成为我们在枯燥的校园生活中最开心的事。班上的同学渐渐注意到，工程队里有一位满身泥浆的工匠常常来到教室外面，趴在窗台上专注地打量我们，后来又发现，他热切的目光似乎只盯着前排座位上的一个女孩子。还有人发现，他还悄悄地给她手里塞过来两个热气腾腾的馒头。

这个发现把全班轰动了，大家纷纷询问那个女孩子，工匠是她家什么人？女孩红着脸说，那是她家的一个老街坊，她继而恼怒地埋怨道"这个人实在讨嫌"，声称将让她的已经参加工作的哥哥来教训他。大家觉得这个事情很严重，很快报告了老师，但从老师那里得到的消息更令人吃惊，那位浑身泥浆的男人是她的父亲。继而，又有同学打听到，她的父亲很晚才有了她这个女儿，这次随工程队到学校来盖房子，不知有多高兴。每天上班，单位发两个馒头做早餐，他自己舍不得吃，天

冷担心馒头凉了，总是揣在怀里偷偷地塞给她，为了多看一眼女儿上课时的情景，常常从脚手架上溜下来躲在窗口张望，没少挨领导的训。但她却担心同学们知道父亲是个建筑工太掉自己的身份。

工程依然进行着。有一天，同学们正在走廊上玩耍，工匠突然跑过来大声地喊着他女儿的名字，这个女同学的脸色骤然变得铁青，转身就跑。工匠在后面追，她停下来冲着他直跺脚："你给我滚！"工匠仿佛遭到雷击似的呆在了原地，两行泪从他水泥般青灰的脸上滑下来，少顷，他扬起了手，我们以为接下来将会有一个响亮的耳光从女孩的脸上响起。但是，响亮的声音却发自父亲的脸上，他用手猛地扇向了自己。老师恰恰从走廊上经过，也被这一幕骇住了，当她扶住这位已经踉踉跄跄的工匠时，工匠哭道："我在大伙面前丢人了，我丢人是因为生出这样的女儿！"

那天女孩没有上课，跟她父亲回家了，父亲找女儿就是来告诉她，她母亲突然发病。

不知为什么，那年翻修校园的工期特别长。工匠再也没有出现在校园里，女孩也是如此，她一学期没有念完就休学了。有一次，我在街上偶然遇见了工匠，他仍然在帮别人盖房子，但人显得非常苍老，虽然身上没有背一块砖，但腰却佝偻着，仿佛背负着一幢水泥楼似的。

·母　亲·

我的一位朋友曾跟我说过，他从小到大，一直享受着无微不至的母爱，以至于他都50来岁了，每到母亲家，母亲都为他准备了可口的饭菜，并且预备一碗温开水，准备饭后漱口用。

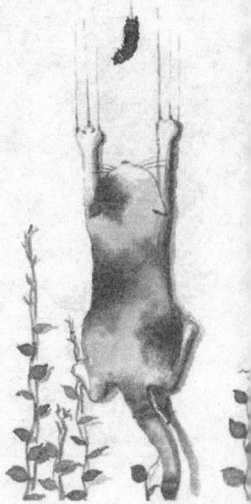

4

相比这位朋友，我自叹不如。因为这位朋友，只有哥俩，父亲是本地有名的中医，而且又生活在城里，所有一切都比我优越。而我的母亲生了我们 10 个孩子，并且生活在农村。两个孩子和 10 个孩子相比，每一个孩子得到的母爱显然就不一样了。

然而，母爱又不是用斤两去称的东西。

每一个母亲爱她的孩子的方式也许不同，但是有一点却是共同的，那就是，都是用自己的心血去爱，不留余地地去爱，最大限度地去爱。

在我们家，母亲最累。从我记事时起，家里就没有好日子过，不是缺吃，就是少穿，而且居家过日子的事，总要由母亲去操心。那时，父亲是我们家在生产队里唯一的劳力，一年累到头，不但不分钱，还要欠队里钱，所以，那时我们这一大家人的花销主要是靠母亲饲养的一头母猪下崽换钱，再就是编苇席卖钱，来打发日子。白天，母亲忙完一天的家务，晚上还要在油灯下给我们缝补衣裳。母亲是个极要强而又要脸面的人，尽管我们家孩子多，但是母亲从没有让哪一个孩子露着、冻着过，即使是旧衣服，母亲也总是把衣服洗得干干净净，缝补得整整齐齐。我们村离城市较近，受城市影响，那时村里一些大人和孩子就有穿制服的，我们都羡慕得要死，但我们家没有缝纫机，所以，母亲就用针线自己学着裁做。从此，我们就开始穿制服了。可是却苦了母亲，母亲由于长期做针线活，把用顶针的手指都累变形了，眼睛近视了。过去有人为了说明成就之大，常用可围绕地球转几圈来形容。那么，如果把母亲一生为我们纳的鞋底和缝补衣裳的针线连接起来，能绕地球几圈呢？我想一定是个不小的数字。

母亲又是个严厉的母亲。小时候，如果我们兄弟姐妹当中有谁犯了错，母亲一准叫他下跪，并且让大家都陪着，这时母亲总要对大家进行说教，在这时母亲并不骂我们，而是讲些道理，比如"一年之计在于春，一日之计在于晨，一家之计在于和，一生之计在于勤""人无远虑，必有近忧""少壮不努力，老大徒伤悲""世上万般皆下品，思量惟有读书高"等等。这些话都是母亲经常对我们说教的，长大以后我才知道这些都是《增广贤文》里的话。母亲也曾读过几年私塾，我的外祖父家曾是个大户人家，至今在我三弟家还保留着母亲念私塾时用过的方桌，这个方桌也是我外祖父和我曾外祖父念书时用过的。所以，母亲特别看重文化，家里再困难，母亲也要供我们念书。后来我以优异的成绩考上了县一中，但是，就当时农村的经济而言，一般家庭是供不起一个中学生的，当时按父亲的意见，不想让我继续念书，而我也一度不愿意读书，结果一直温顺的母亲发了火，打了我一巴掌。母亲可从来没打过我呀，我的眼泪在打转，母亲却早已哭出声来："娃呀，咱家穷，可咱不能没志气呀……"为了给我凑足学费，母亲想尽一切办法，也差不多跑遍了全村，为我借学费，当时还受一些人的讥讽，说母亲"穷家破业的供哪门子学生"，而母亲只是把这些当做耳旁风，一门心思供我念书，生活上更加省吃俭用，连小鸡下的蛋也舍不得吃，拿去换钱，攒起来供我上学用。现在回想起来，如果不是当初母亲决心支持我念书，也许就不会有我的今天。我高中毕业后参了军，在部队因为我的文化较高，所以很快就提干了，又因为我文化较高，被保送到军校上大学，可以说，在同一代人当中我算是幸运者。这完全是得益于我的母亲。

父亲去世后，母亲仍顽强地支撑着这个家，那时尚有四个未成年的弟弟妹妹。一天，我和妻子回去看望母亲，一进村，老远的我就瞧见母亲背着半麻袋粮食，正吃力地向村里的磨房走着，当时我的心一阵酸痛。打那以后，我就决心要把母亲接

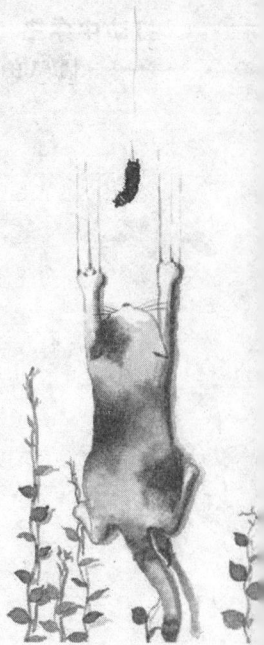

进城，心想，母亲辛苦了一辈子，应该让母亲享享清福。母亲进城后，条件改善了，更加热爱生活了，房间总是收拾得干干净净的，室内还养了不少盆景，这对于我来说，也是一种满足。

然而，这样的日子没多久，我就发现母亲患了肝癌，以后，母亲的大多数时间都是在医院里度过的，有一段时间，由于化疗的副作用，母亲一度不能进食，开始我以为是病症转移了。我们大都心急如火，那时我最小的弟弟正在处对象，母亲大概感到她的去日已近，所以，督促我抓紧给小弟弟张罗认亲，但在认亲那一天，母亲对着满桌子的饭菜，却一口也吃不下。面对这种场面，当着大家的面我强装笑颜，而心里却无比的难过。不过没几天，母亲就可以进食了，精神也开始好转，于是我就开始给小弟张罗结婚，俗话说："老儿子结婚，大事完毕。"以便让母亲临去之前，看到一个圆满的结局。小弟结婚那天，母亲头上戴着鲜花，精神特别好，自始至终面带笑容。

母亲的一生真是太累了，她将自己毕生的心血和爱毫无保留地倾注给了她的每一个儿女，直到最后耗尽了生命。母亲生病后，我们，包括医生在内，一直关注她的病情转移，然而，万万没有想到，那天，母亲突然心力衰竭，医生告之病危，这让我们心里一点准备都没有，我们一群儿女围着母亲，呼唤着母亲，而母亲即使在弥留之际，仍然用尽她仅有的一点气力，微弱地呼唤和辨认着我们每一个儿女。

出殡那天，母亲遗容的气色特别好，白里透红，一点痛苦都没有，样子特别安详和幸福。我想，这是只有把爱全部给了别人才有的幸福感。

母亲已离开我们十年了，但母爱却依然温暖着我。

· 迟到的爱 ·

2012年的母亲节，我人生中第一回含着泪，双手紧抱年已50的母亲，也是人生中第一回轻声告诉她："妈妈，谢谢你，我好爱你。"

我和母亲一直缘分很淡。出生不过7个月，母亲就把我交给外婆，从此，我一面是备受外婆溺爱的孩子，一面是内心孤独、没有父亲也没有母亲的幼儿。

17岁时，我的外婆离开人世。那一年，我回到妈妈的家，无论是天空星辉斑斓还是暴雨狂倾，夜里总躲在被窝里大哭。当年电影主题曲《你知道你要到哪里吗》正流行，台北满街放着这首歌，走在街上的我，总是一边听，一边哭。

我妈妈与外婆教育孩子的方式完全不同。妈妈相信斯巴达式管教，对我的我行我素，特别看不顺眼。我17岁时，母亲已是一名成功的职业女性，但一位单亲母亲，不论外表多么美丽，工作多么有成就，压力仍时时相伴。于是，一个从小没挨过骂的孩子，天天挨骂；一个从小没做过家务的孩子，天天被要求洗碗、晒衣服。我的内心感受很简单，我只是这个家庭"2+1"的小孩，一名闯入者。从那时起，我的灵魂由幼稚变得苍老，我开始理解世间情感不是天然而生，它需要一点一滴的累积、一点一滴的回忆。

而我与美丽的母亲之间，回忆是空白的，情感是歉疚的，付出只是一种责任，一切都是不得已。

回家半年之后，我写了一封信给妈妈："外婆已死，我没有其他地方可去。妈妈，我能理解你的心情，突然接受一名17岁的孩子，的确是困难的事，何况你只喜欢乖顺的女儿；我可以理解你的难处，但能不能容许我在你家住到念大学，再

没有一个母亲不爱自己的孩子，只是她们爱的方式不同而已。当一位母亲要以独特的方式培养孩子的坚强、独立时，她的内心要比孩子承受的痛苦多十倍、百倍。

过两年，我会悄悄离开，不再打扰贵府。"妈妈看了我的信，哭着向我忏悔，直说对不起。她工作压力大，弟弟妹妹的功课不如我，因此才把许多压力施加给我。

我喜欢从远处欣赏母亲，欣赏她的娇媚美艳，欣赏她崇高的人格，欣赏她的正气廉洁，欣赏她的良善心软；但作为与我缘分极浅、性格强势的母亲，我对她始终敬而远之，也从未理解母亲对我的独特的爱。

直至那年母亲节，我得知母亲患了癌症，当我回到家时，才知这么多年来母亲一直身患重病，我问她："为什么现在了才告诉我？"母亲说："你的美丽、你的能干、你的独立像极了当年的我。如果我对你溺爱，那会毁了你的独立、你的坚强，我怕当我离开时你无法承受，而现在你可以安静地接受我的离开。"

我默然，任泪水像断了线的珠子般潮涌而来。原来母爱无声。

军旗下

我是在出生两个月后才见到父亲的。在母亲怀我和生我的整个过程中父亲都是在军校学习的。后来我被外婆抱回了老家，直到7岁才回到父母身边。

只是回来后父母依然很忙，他们对我来说只是一个称谓和形式。由于长时间的分离，我对他们没有很深的感情，甚至时常躲着他们。我很少和父母交谈，在家也不怎么开口，只是自己玩着属于自己的小玩具。母亲是个脾气暴躁的人，面对我不知道该怎么交流，当我一次次要逃回外婆家时，她除了打我，还时常暗自掉眼泪。而父亲则总是默默地给母亲擦眼泪，然后把我带到房间里去，拿出一盒积木帮我摆。

真正感到父亲的存在是在高考的那几天。我小时候体质一直都不太好，每年都会去医院住一段时间。那年在高考前夕，也许是紧张和高考前的过分疲劳，我病倒了，一直高烧，直到考试前一天也没有好转。母亲和老师都绝望了，只有父亲那天晚上从部队赶了过来，问我能不能坚持？我说试试吧。父亲很感动地说："好女儿。明天我会送你去的，我会在外面陪着你！如果坚持不了马上出来。"第二天，父亲用自行车把我推到了考场，在七月的骄阳下，父亲真的就在校门外等我，就这样父亲与我度过了我这一生中最难忘的三天！

高考成绩并不理想，我要上大学都没有希望了。我准备放弃，但父亲却不同意，我们谁也没有说服谁，父亲在我的志愿表里给我填的全是军校，那是父亲过去的梦想。但我却感到那离我太遥远了。我渴望换一种环境换一种生活方式，但我已不知道该如何和父亲交流？

所以当我到学校去交志愿表时，又向老师重要了一张，就着老师办公桌上的几页招生简章自己重填了志愿。填完以后我自己都忘了自己填的是哪些学校，直到学校的通知书下来。

我以为父亲会大怒，可父亲没有说什么，直到我前往学校报到那天，父亲才赶回来，他给我打了一个非常正规的行军包，带我去货运处把行李托运走后，告诉我他下午还要赶回部队去。我是晚上 12 点的火车，父亲说他去越南时也只有 15 岁，而我已 16 岁了，应该自己走了！

16 岁，我离开了父母，其实在我出生不久就离开了父母，只是 16 岁的离开有一种真正长大了的感觉。

在学校我努力学习，闲时看看书，日子倒也过得舒坦，渐渐把家也给忘了，开始还写写信，打打电话，后来就音信全无了。母亲几次打电话说父亲要来看我，都被我拒绝了，因为我实在是到现在还没有学会面对他们。

毕业即将分配时，我想去的是一个北方的地质队。但最终我却被分配到父亲部队所在的军区。我知道这一定是父亲的主

意。但那时我已无法改变了。我真的很生气父亲的这种霸道。所以从学校回到家时，我整天就是和同学泡在一起，而不给父母任何说话的机会。

报到后，部队上安排了住宿，我便借此不回家了。父亲后来解释说他们都老了，想叶落归根。而他们就我这么一个女儿，真的希望我能留在身边。可是我仍然不肯原谅父亲，他怎么可以因为自己的想法而决定我的一生呢。

在外工作的日子里，我很少回家。只是父亲依然坚持逢年过节来看我，给我送点好吃的。那时父亲年岁已高，常年行军征战，双腿落下了风湿的毛病，可即便是下雨，他也从不间断来看我，那时我的心里已经有了很大的触动，只是不愿说出来而已。

后来我结了婚，生了孩子。父亲已经离休了，便担起了接送女儿上学的任务，在我不出差时，他和母亲宁愿自己每天多跑几趟也要把女儿送过来，中午和我们一起吃顿饭，为此从没做过家务的父亲每天跟着电视学做菜。父亲说只是希望听我说说工作上的事，但我却常常中午回不来，只留下他们祖孙三个人，可父亲却从没有怪过我一句。

然而今年年初，一向强壮的父亲感到身体不适，医院最终确诊为肺癌晚期。父亲爱抽烟，打了一辈子仗的他没有其他嗜好，就是爱闲时抽根烟，可如今父亲再也不能抽烟，我的泪也止不住地流。我知道，多少次，父亲抽烟是因为我的不理解。可是到现在，一切都晚了。父亲还是很坚强，一如平常的军人本色。我知道自己是个不孝顺的女儿，然而父亲却以他博大的胸襟宽容了我。在生命的最后日子里，父亲始终带着微笑，而每当我来看他的时候则是他最开心的时候，那时的他会像一个孩子，一切都听我的，看到父亲的笑容，我的内心却有一股酸楚。

半年后，父亲去世了，我在庄严的军旗下给父亲敬了一个礼。只有我才知道这个军礼真正的含义。

父爱的天空

那是在他升入高三以后，因为每天紧张地复习，他患上了失眠症，而且偏头痛异常厉害。尽管他比以前更加努力地学习，但是头痛、耳鸣的症状却不时地折磨着他，使他的大脑整日昏昏沉沉的，学习成绩并不理想。

结果，在高考结束后，他成为班里的12名落榜生之一。在那些沉闷而阴郁的日子里，他忽然感觉生活没有了一丝生机和希望。他先是躲在自己的房间里，蒙头大睡了两天两夜。任凭家人怎么劝说，他都水米不沾。他感觉自己是这个世上最无能最可耻的人，并且无法原谅自己的这一次失败。因为这一次失败，使他辜负了父母和老师多年的期望。

当他走出房间时，已是一个星期之后了。他变得沉默寡言，偏头痛折磨得他痛苦不堪。有一天，他给父母留下了一封遗书，然后服下了一整瓶的安眠药。幸亏家人发现及时，立即把他送入医院抢救，才挽回了他的生命。

在他康复出院的第一天，父亲决定带他去一个地方。他诧异地跟随着父亲，朝村前的河畔走去。父子俩坐在被河水冲刷得坑坑洼洼的河堤上。

父亲给他讲了这么一个故事：那是在很多年前，有一个小男孩出生在这里，从他记事的时候起，他就像大人一样每天跟随着父母到田间劳作。因为，他们家生活条件非常拮据，在他的身后还有一个弟弟、一个妹妹。

每到发洪水时，他就会手持一根带铁挠钩的长竹竿守在河边，瞅机会打捞漂在河面上的那些可烧的或可食的悬浮物。

那一年他刚10岁，他在用竹竿打捞半截枯木时，不慎被激流卷入水中。他拼命地游向那半截枯木，并死死地抱紧。以他的力量根本无法靠近岸边，于是他就跟随着那半截枯木往下漂流……

感悟
ganwu

父亲的生命中有那么一种执著，有那么一种无悔，在父亲的生命中，我们懂得了，什么叫父爱。愿所有在这凝重的父爱中成长的人都幸福一生！

35

村里的人都认为他根本不可能有生还的希望了，他的父母哭得死去活来。然而，两天之后，他却奇迹般的被人救起，并送了回来。

当父母和村里人激动不已地询问他是如何逃生的时候，他竟笑着说："俺当时抓住了一块木头，然后就往下漂呀漂，就是饿得发昏，俺也没有松手。俺知道，俺一松手就再也见不到父母，还有弟弟、妹妹了……"

他就这样抓着那半截枯木，随着河水漂流了一天一夜，后来漂到一个开阔的河草滩上，水流减缓，被岸上网鱼的一些农人联手救了起来。

听父亲讲到这里的时候，他便急着追问那个男孩以后的命运。后来，那个男孩的父亲因病去世了，使他们这个家庭背负上了沉重的债务。他被迫辍学回家，帮母亲承担起生活的重担。后来，他在一家煤矿挖煤时，由于煤矿坍塌，他失去了左腿。但是他也没有放弃，仍然自力更生，靠给人家修鞋为生。他一直到弟弟和妹妹考上大学之后才结婚。

再后来他们家的日子逐渐好了起来，但是他却遇到了一个十分不争气的儿子，因为他的儿子只是因为一次高考的失败，便用自杀这种最怯懦的方式来"回报"自己的父母。

此时，他转脸瞅着父亲的残腿，蓦然醒悟过来：他明白了故事中的主角，就是眼前的父亲。他忍不住流下了愧疚的眼泪，尔后，讷讷地说："爸爸，我错了……"

他的父亲欣慰地笑了，并意味深长地说："这点挫折算什么……"

后来他发愤图强，终于考上了当地有名的大学。毕业后他开始写小说，把父亲的故事、自己的故事都写了进去。他成了当地一名小有名气的作家。

这期间，无论遇到什么样的困境，他总会想到自己的父亲，想起那个令他激动不已的故事。然后，他就会对自己说："这点挫折算什么……"

第②章
春蚕到死丝方尽，蜡炬成灰泪始干

　　老师，一个光荣而神圣的称呼。韩愈在《师说》中说："人非生而知之者，孰能无惑？惑而不从师，其为惑也，终不解矣。"从古至今，没有一个年代、一个国家，不存在老师这种传道授业解惑的职业。

　　老师的职业是世界上最美好的，老师的称谓也是宇宙中最动人的，老师是一支普通的蜡烛，燃烧了自己照亮了别人；老师是一颗平凡的石子，铺成了大道通向未来；老师是一名辛勤的园丁，默默地耕耘希望……

　　俗话说，一日为师，终生为父。尊师重教在中国具有优良传统，不管是凡夫俗子，还是伟人名家，只要具有良知，都对自己的老师铭记不忘，时时怀念。追忆我们的似水年华，在那青涩朦胧的年代，是老师谆谆的教诲给了我们知识的力量，是老师郑重的嘱托为我们纠正偏离的航向，是老师坚实的双手托起了我们灿烂的明天，给我们一次次新的生活与希望。

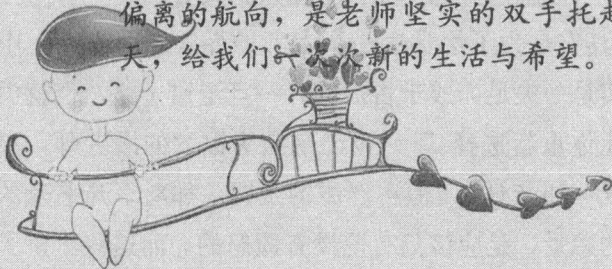

慈爱的教鞭

　　少时教我语文的潘老师要退休了，我特地回老家参加他的退休告别宴。宴会中，一位已近中年的师兄举手示意大家安静下来，说是要送老师一份特别的礼物。只见他从身后拿出一个包装精美的长礼盒，在众人期待的目光中他小心翼翼地打了开来。"哇——天哪！那不是老师的教鞭嘛！"众人齐声惊呼。

　　我上学时，在素有"文化之乡"美誉的家乡梅县，教鞭依旧是教育权威的象征。人们眼里再顽劣的孩童，终究还是会在如雨般挥落的教鞭下求饶悔过。那时潘老师还年轻，他从不轻易使出这招，直到有一位学生闯下了大祸，面临被学校开除的危险。

　　"老师下手并不重，可是我硬是不肯认错。"中年师兄回忆着——

　　没想到那时，潘老师突然叹口气道："我是你老师，却没有教好你，其实这也是我的过错，我有责任。"于是，潘老师每打师兄一下，就用教鞭重重地打自己一下！师生的僵持，在此起彼落的教鞭中无声地进行着。全班同学一开始目瞪口呆，到后来啜泣声四起。等潘老师重重地打了自己三四十下以后，教鞭竟然一点点裂开了。那原本死不认错的师兄终于忍不住"扑通"一声跪下，一把抱住潘老师，泪流满面地向老师忏悔认错。学生红紫的掌心，老师淤肿的大腿，一条打裂的教鞭，终于唤回了一个濒临失足的少年回头悔改的真心。

　　"责罚，其实是为了给学生一个参考的界线，因为人生中许多事情确实是一失足而成千古恨的，一旦走错了路，也就没有回头路可让你重新选择。"如今已是满头银发的潘老师，温暖慈祥的语气一如昔日，"但再严厉的责罚，都离不开慈爱的动机；真正的慈爱，是应该只有爱没有愤怒的。而这些，孩子

们终究会明白……"

哽咽无语的师兄，走到潘老师面前深深鞠躬："我要感谢恩师，是您当年把我打醒……"

可以想象，当年那位不羁的少年决定偷偷收藏起这一根教鞭时，他就已经醒悟了。这根凝聚着慈爱的教鞭，穿越了时空，成为一位少年整个人生永恒的支柱。

· 老师的恩情 ·

打开尘封的记忆，小时候的学习情景历历在目，总有些人会浮现在其中，那就是我的老师。

那是高三时候的事。我们班是全校公认的垃圾班，一提到我们班，几乎没有老师不摇头的。学校给我们换了很多次班主任，可是没有一个能带上一年的。这不，进入高三，我们又迎来了一位新老师。

当白白净净的高老师带着金丝眼镜，穿着白衬衫，夹着一沓教案走进教室时，同学们正在打打闹闹。没有人听到上课铃声，而这正是高老师第一天带我们的课。高老师并没有像其他老师那样大吼一声"上课了"，而是斯斯文文地坐在教室最后一排的椅子上，一直看着同学们。刚开始，大家还无所顾忌，渐渐地觉得有点不对劲，便安静了下来。高老师这才起身走到讲台上，在黑板上写了一行字"精诚所至，金石为开"。然后丢下粉笔，拿起手帕擦擦手说："我姓高，是你们的班主任，请大家把书打开，我们学习新课。"大家愣愣的，真的开始学新课了。事后大家才回味过来：老师这招以静制动，真厉害。

当然高老师并不总是这样和颜悦色的。用他自己的话说："我是休眠火山，平常没啥事，一旦爆发可就厉害了。"那次我们就见识到休眠火山爆发的场景。春节期间，班上的同学迷上

一个好老师总能给学生一生的影响。他的和善与严厉，都是为了他爱的学生。面对着年轻气盛的我们，老师总是用最大的耐心，把学生教育到"青出于蓝而胜于蓝"的境界，多么高尚的奉献精神！

了打麻将，整天聚在一起昏昏然消磨着时光。那天早上，窗外的雪还没有化尽，北风吹在脸上刺骨的冷，高老师突击检查，跑到男生宿舍一下子逮到几个打麻将的同学。教室里，高老师站在讲台上，满脸寒霜地盯着那几个学生，目光中满是责备。忽然，高老师一改往日的温和，一拳砸在讲台上，严厉地问："你们觉得你们这几天过得有意义吗？你们有资格浪费时间吗？你们已经高三了，为什么那么不争气呢？难道你们真的想破罐子破摔？"话语冷得像屋檐下的冰凌。所有的人都低下了头。

从此以后，同学们再也不敢调皮捣蛋了。也就是从那时起，我们这个以前的垃圾班开始转变，高考时，我们班竟然有一半的人进了大学，我也是其中之一，我想如果没有高老师，是不会有我们班的今天的。每年寒暑假，我们都回去看望高老师，可惜高老师后来因工作需要调离了学校，我们再也没见过他。但这份师生情以及他对我们的教导，我们永远不会忘。

一份特殊的礼物

早上，办公室里热闹极了。灿烂的笑脸、可爱的祝福、精美的卡片……一批又一批，进来的有得意门生、有淘气包、有经常拖拉作业的、有上课管不住自己的……老师们的心情也格外好，叮嘱着这个，感谢着那个，早把平时的抱怨抛之脑后了。

"王老师……"一个小男孩站到了我身边，低着头，双手背在后面，大概是因为不自然，肩膀倾斜着，说话的声音小得只有他自己才能听到。

"哟，是小明啊，有什么事吗？"本想责问他，为什么语文模拟考卷发下去两天了都交不上来，为什么家庭作业做在了纸上。但看到他那副样子，我实在不忍心开口。

"老师，今天是教师节，我想给您讲个笑话，希望您不要

生气，祝您节日快乐！行吗？"

我有什么理由说不行呢？"好，这是我收到的最特殊的礼物！老师喜欢，你说吧。"

孩子的脸上露出一丝灿烂的笑容，清了清嗓子，开始讲了起来。虽然他已经提高了音量，虽然他很努力在把笑话讲好，可事实上，我什么也没听清。但我还是注视着孩子，还是时不时地根据孩子的表情做着相应的反应。

孩子终于讲完了，"啊，小明的笑话讲得太棒了。王老师想保存这份特殊的礼物，你能把刚才的笑话再写一份给我吗？"

孩子使劲地点着头，开心地离开了。

回 报

初一的时候我们的班主任是一位姓刘的老师，那是一位极其严厉的老师。他中等身材，略微有些胖，脸上总是笑眯眯的。但他有一个特别让学生害怕的方法，就是用粉笔砸人，或用中指弹脑门，我们都管他这两招叫"弹指神功"，尤其是前者，真是又快又准。

有一次上课，大家都在认真听讲，只有我东看看，西瞅瞅，听不下去课。正在我左顾右盼的时候，"啪"，一个粉笔头像飞镖一样砸在了我的脑门上，这下我成了全班的焦点。同学们一起看着我，我恨不得找个地缝钻下去。还有一次，大概是端午节，中午我来到学校，一看同学们都跑到附近看庙会了。我便也跑回了家，换上新衣服，就去看庙会。第二天上学，我们好多同学都挨了批评，特别是我，作为班长，带头不遵守纪律。刘老师就是这样，对任何人都不讲情面，严格要求。现在想来，他其实是一位非常认真和可爱的老师，虽然他也只是中学毕业，但他认真执教的态度总是让人感动。

有一天下午，他在教室批改我们的大楷，午后的阳光暖暖

做一名好老师，不仅需要丰富的学识，更需要心与心的沟通；好的老师对于一个人的成长来说是至关重要的。

地照进教室里，从刘老师的鼻子上滑到了桌子上，又悄悄地溜到教室里，他改着改着，打起盹来，一低头，红笔竟扎到了他的额头上。老师真的是挺累的。

我上了初二以后，刘老师就不再教我了。但他一直关心着我的学习，时不时地询问我学习的情况。那时，学校办学条件比较艰苦，我们的宿舍是一排三间大的教室，一进门，挨着墙全是床铺，至少住了20多名同学。上了初三，好些学生都已不能认真读书了，他们在宿舍里又吵又闹，实在无法让人专心复习。刘老师知道后，就让我到他的宿舍去住。从此，每天晚自习后，我便抱着作业，来到刘老师的宿舍，再也不用点煤油灯，那明晃晃的电灯就在房里亮着。宿舍中还生着暖暖的炉子，啊，那是多么幸福呀！也许是由于学习紧张吧，那会儿我从来没有给刘老师扫过宿舍，生过炉子，通常是由他自己打扫卫生，他还经常问我炉子热不热，晚上冷不冷。一直到我考上高中，都是在他的宿舍里度过的。

刘老师是相当孝顺的人，他的父母早逝，他与70多岁的爷爷一块生活。每次去刘老师家，爷爷都要拉住我们说刘老师的许多事，刘老师一直乐呵呵地笑着，听着。刘老师有三个孩子，妻子种地，非常辛苦，刘老师便常常帮助妻子打理农事。一次放寒假，我去刘老师家玩。他非常高兴，就像对待多年未见的朋友一样，忙着招呼妻子烙饼子，烧蛋汤，拿家里最好的东西给我吃。其间，他不断地询问我的学习情况，告诉我一定要努力学习，争取早日考出去，找个好点的工作。

如今我早已成家立业，在城里有了稳定的工作，可逢年过节，我总会带着大包小包的东西，去看望刘老师。可刘老师每次总是把东西又给我送回来，他说："你能过上好日子，就是对我的回报。"

感悟
ganwu

这世上，正如老师所说，学生的成绩就是对老师的回报，学生的成才就是对老师的回报，学生的幸福生活就是对老师的回报。

·永恒的记忆·

　　翻出很久以前的照片，那是初中分别前的毕业照，她还在我们中间，端端正正地坐着，面带微笑，就在我的前面。可如今，这个人已经不在了，这张照片开始残缺了，所有人脸上的微笑都定格在那个时候，现在看来，总是有些惆怅的别离味道。

　　记得开学第一天，抄过课程表，大家互相认识后，就放学了。我把新发的一大摞书抱出教室后就交给了等在外面的老爸，一个声音从后面传来，"这么大了还让爸爸拿，自己拿！"我回头，原来是我们的班主任，英语张老师。张老师已经40多岁，留着齐耳的短发，很精神很干练的样子，也很有职业女性的气质。当时我净顾着发窘，赶紧从父亲手中抢过书。尽管很沉，但我知道了，到了凡事该自己做的年龄了，心中生出一种莫名的感觉，后来才知道那是敬重。为人师表，教书育人，贵在时时、事事中的体现……

　　张老师是正规英语系毕业的，她的教学能力很强，发音标准，朗读流利，对学生要求非常严格。比如作业，只要有一处涂抹就马上撕了重做，有时字母写得不规范也要重做。教我们单词时，她一遍遍地领读，逐一矫正口形。当时她带了两个班，又没有录音机，一天课结束，她的声音就已经嘶哑，几乎连话都讲不出来了，但她从没有叫过一声累，而且从早操到晚自习，不论有没有课，都随时来检查。一旦发现有不好好学习的，就要罚抄写。同学们对她真是又爱又怕。

　　那时我是极爱学习的，张老师因此对我分外关心。初二的一天，她带着我和另一位同学去县城参加地区英语竞赛，那是我第一次去县城，第一次坐汽车，兴奋与激动是无法表达的。到了镇上，张老师专门带我们去了那儿有名的包子铺，买了好

多好吃的东西。可后来，张老师家里突然有紧要的事要处理，张老师就把我们临时交给另外一位老师，匆匆回去了。那晚，我俩又是读又是写，折腾了一宿，结果考试并没有取得好的成绩，但张老师并没有批评我们，还教给我们放松的方法，使我们以后考试时能够以一种平静的心态去对待。以后再经历大大小小的考试，我都能以平常心去对待，因此获得了成功。

张老师当年得的是肺癌，曾探望过她的同学说，那年夏天，刚刚发现就住院的她还充满希望地说自己有信心战胜病魔。我能想象阳光下她沉稳的笑脸，可是那年冬天，她却已经不在了。贪婪而无情的癌细胞侵占了她的肺部……

小时候，没有生与死的概念，我总天真地以为，我会一直长大，可老师却不会变老。是的，他们没有变老，在我的心里、记忆里……可是他们的确在变老，在岁月流逝中，在他们的人生历程中……谁都知道，生老病死是人之常情，可当发生在身边，发生在至爱亲朋中，就无法接受……对于尊敬的老师，我同样的无法接受。那么好的一个人，就这么悄无声息地走了，突然有一种无力感。生活在我记忆深处的张老师啊，您现在在天堂还好吗？

童年的碎片——献给我的老师

小学的时候，教我们的语文老师是石澜老师。他大概是我上小学五年级时补聘来的，一个月只有50多元的报酬。他教我们语文，写得一手非常好的粉笔字。我们这群学生很爱模仿他的字。今天，我的钢笔字能多次获奖，全是受他的影响。他在教我们作文时，还亲自写作文。有一次，他布置了一篇题为"难忘的一件事"的作文，我们都不会写，他便和我们同时在教室里写。午后的阳光照进教室，照在他的脸上，显得他是那么自信。写了一会儿，他便走出了教室。我们便偷偷地看他的

"作文"：在家乡，最难忘是赶庙会，每到庙会时，人们便穿着花花绿绿的衣服……那么多人，真是人山人海……在我的印象中，他写得是那样好，那样美。

后来我上了初中，班主任换成了一位年轻的英语老师——杨老师。杨老师英语讲得非常流利，我最爱听他那浓重的卷舌音，像山泉那么悦耳。于是我疯狂地爱上了英语，每次总跟在他后面问问题。杨老师也非常喜欢我，总是不厌其烦地为我解答，虽然有时连上四节课，已经很累了。我的英语就是在那时打好的底子，以至于后来到高中，很多人因为英语拉后腿，我却从没有这方面的烦恼。记得初三的暑假里，我办了一份简报，用英语写了一些简短的对话。开学后，我让杨老师批改，他非常高兴，便把他的教学参考书借给我看，把我带到了知识的殿堂，让我自己去发现和探索。

作为班主任，他并不单单关心自己代的科目，还帮我们解答一些代数方面的难题。杨老师对我们的生活也很关心。那时候，很多同学因为不习惯住校生活，特别想家，他便建议学校，每周四晚上把学校仅有的一台黑白电视搬到院子中，让同学们观看。他还组织同学们观看了《梁山伯与祝英台》的录像，看得我们每个人都泪流满面。有时候，我们做饭时，他就到我们宿舍来，看看我们做什么饭，晚上还来检查同学们的休息情况，谁没洗脚、谁的被子破了等等，对我们的照料真是无微不至。

就这样，在杨老师一丝不苟的严格教育下，那年我校有5位同学考上了中专，14名同学考上了高中，这在我们那所学校，可是创下了新的历史纪录。

感悟 ganwu

老师们像家乡的黑泥土一样，一年年养活家乡的子孙后代。当我们桃李芬芳的时候，怎么能忘记辛勤哺育我们的老师。让我们真诚地说一声："谢谢，老师。"

· 请你大声说话 ·

他5岁以前，口齿伶俐，是一个性格外向的男孩。

那个年龄段，正是活泼好动，对周围的一切都充满好奇与幻想，喜欢模仿的年纪。

邻居一个男人说话结巴，他和小伙伴们好像发现了新大陆，兴奋地跟在结巴男人的背后学着结结巴巴地说话。孩子们中只有他学得最像，所以他很得意，越发学得起劲。

孩子们的恶作剧并没有惹恼结巴男人。结巴男人善意地提醒他："别……别学我说话，我就是……就是小时候模仿结巴叔叔说话，后来说话才结巴的！"

他认为结巴男人在骗他，把男人劝导的话惟妙惟肖地再次模仿了一遍，逗得所有的孩子都哈哈大笑……

没有想到，结巴男人的话一语成谶！上学了，他说话也开始结巴。当同学们都惊奇地望着他时，他越发紧张，说话更加磕磕绊绊……

是的，7岁时，他说话也成了结巴。以前他取笑别人，现在成了同学们取笑的对象。他陷入了深深的自卑中，一下子变成了一个沉默寡言的人。

在课堂上，他最怕老师向他提问。因为他一开口，课堂里就充满了笑声。他难堪极了，尴尬极了！

没有办法，以后老师再提问他回答问题时，他就会在站起来后，深深地低下头去，用蚊子一样的声音说："我……我说话结巴！"

小学期间，真的没有老师再在课堂上提问过他。他感觉到了一种轻松与解脱。小学阶段，他的学习成绩非常一般。

转眼间，他升入了中学。

第一天，他就再次遭遇尴尬。由于中学老师们都不了解他的情况。各科老师都按照学生花名册点名提问。

数学老师让他回答问题时。

他说："我……我说话结巴！"

数学老师是一个年轻的女教师，她示意他坐下，眼中充满了理解和尊重。

历史老师让他回答问题时。

他说："我……我说话结巴！"

历史老师是一名老教师。这位老教师走到他面前，抚摸了一下他的头，让他坐下，脸上写满了怜悯与同情。

语文老师提问他时。

他仍旧低着头小声说："我……我说话结巴！"

语文老师兼任班主任，是一位30多岁的男教师。语文老师好像没有听清他的话。

"请你大点声，请你大声说话！"

"我……我说话结巴！"他有些羞涩地略微抬高了说话的语调。

"我没有听清，请你大声说话，回答我提出的问题！"

课堂里一片寂静，似乎能听到心跳的声音。

他第一次遇到这样一位没有人情味、蛮不讲理的老师。他有点恼怒地抬起头来，赌气似的结结巴巴地大声回答语文老师提出的问题。

语文老师很平静地听他回答完问题后，示意他坐下。自始至终好像没有发现他说话结巴似的。

以后，语文老师在课堂上经常点他回答问题。开始的时候，他很紧张，说话时断时续。后来经历提问的次数多了，他紧张的心情得到了缓解，再回答问题时，话说得也利索多了。因为语文老师总爱提问他，他只能在学习语文上格外下工夫。他的语文成绩进步非常快。

后来，其他课目的老师也开始陆续提问他。他用结巴织成

的自我防护的盔甲被老师轮番的提问彻底击穿了。

在他 14 岁时，他说话不再结巴。他成绩优秀，又变成了一个活泼开朗的人。

他心里明白，这一切都是语文老师一手导演和造就的。

18 岁时，他顺利考进了一所师范大学。大学毕业后成为一名语文教师，学生们都沉迷于他滔滔不绝的口才。从教 3 年后，他参加了市里组织的招录公务员考试，顺利通过了笔试。

面试的时候，面对诸多考官，他一度非常紧张，害怕自己"旧病复发"，说话结巴。但从座位上站起来，准备回答主考官提出的问题的时候，刹那间，他想起了语文老师的话：请大声说话！

他不再紧张，非常镇静地用洪亮的声音回答了主考官提出的问题。结果他通过了面试，成为一名国家公务员。

· 老师的缺点 ·

老师，明天我们就要毕业了，从此不再朝夕相处了。毕业在即，我们真的很想和您说说我们的心里话。您知道吗？我在与您相处的几年之中，发现了您的几个"缺点"，在这离别之际，向您提几点小小的建议。

老师，请您别再带病上课了。您知道吗？当您撑着摇摇欲坠的身子，拖着沉重的步子跨进教室的那一刻起，我们的心都提到了嗓子眼。您的一声轻咳、几滴虚汗都成了我们捕捉的对象。您的一举一动、一颦一笑都牵着我们的每一根神经。我们的心随着您的心跳而跳动。我们害怕，害怕您会体力不支昏倒在讲台上。您说说，我们的全部精力都集中在了生病的您身上，哪里还听得进去课，您又于心何忍呢？还记得那一次，是您给我们补课的日子，可外面下着暴雨，同学们坐在教室里，忐忑不安：下这么大的雨，老师怎么能来呢？更何况老师家离

学校很远，骑车要一个小时。可老师又是那么热爱教学的人呀。正在我们胡乱猜测时，老师您来了，带着满身泥水，衣服全都湿了。原来雨天路滑，你一路不知摔了多少跤才来到学校！同学们全都哭了，那一次，补完课，您就病了，在医院躺了几天，可您还念念不忘我们的学习……

老师，请您别再为我们超时工作了。您知道吗？您一上课就忘了还站在教室外等您下课的女儿玲玲。您瞧！她那双满含委屈的大眼睛里有着多少对您的抱怨，她那张微微向上翘起的小嘴有着多少对您的不满！一下课她马上奔到您身边，双手死死拉扯住您的胳膊，生怕我们会再次夺走您。是啊，我们占用了您太多的时间，太多用来当母亲的时间了。您的"任性"让我们对玲玲有着太多的内疚，太多的抱歉！老师，您不想我们背上这样的包袱吧？

老师，请您别再为我们熬夜批改作业了。您知道吗？当我们看着您拖着疲惫的身子来给我们讲解习题时，您眼中的红血丝就像那红红的烙铁烧痛了我们的心。有一次自修课，我们上自习，您坐在讲台上为我们改作业。改着改着，您竟然睡着了，同学们没有吵醒您，让您静静地休息。我们知道您太累了。后来为了让您可以有多一点的休息时间，我们悄悄约定，争取每个人一道题都不做错。就在实施的那晚，我们翻来覆去地睡不着觉，怕自己作业有错而耽误了我们的计划。第二天一早当我们看到您一如既往的红眼睛时，失望顿时笼罩了我们。只见您异常兴奋地对我们说："天啊！你们做得太好了，昨天的习题没有一个人做错，兴奋得我一夜没睡！"完了，作业写得差您会批改至深夜，写得好您会兴奋得一夜不睡。老师，您肯定不希望我们生活在这样一种恐惧之中吧？

老师，上述几点您一定得改正，为了更好地监督您。让我们数清您鬓角的白发，绝不能让它因为我们再多添一根；让我们数清您眼角的皱纹，绝不能让它因为操心再增加一条；让我

感悟
gǎnwù

老师会帮助学生走出学校、走进人生——因为这是老师的天职，不管付出多大的代价。

49

们数清您眼中的慈爱，绝不能让它再添加一滴，因为只要一点点，它就会全部溢出来……

最难忘的老师

小学二年级的时候，爸爸和妈妈因工作原因，临时要外调到另外一个城市。而我则被奶奶接到了乡下，暂时在一个小学里读书。从小就被父母当成宝贝的我，从没有离开过父母一天。爸爸妈妈走后，我疯狂地想念他们，整天眼泪汪汪的。再加上刚到乡下，没有什么朋友，言语有些不通，年幼的我更加寂寞。在那段时间里，我最大的爱好就是站在村口的枯井旁，看着山脚下轰轰而过的火车，看着它冒着浓烟开向家的方向，看着它开向妈妈到来的方向。

渐渐地身边多了个人，她总是陪着我看火车从山脚下轰轰而过，看着它开往家的方向，看着妈妈到来的方向……"想妈妈了？"这是裴老师问我的第一句话。我"嗯"了一声并点点头，眼里噙着泪水。从那天起，裴老师每天陪我看火车……

其实裴老师是位很漂亮的农村姑娘，高中毕业没考上大学，就回村当了语文教师。她身材高挑，留着短发，笑起来脸上一对酒窝儿很美很美。由于当时农村条件太差，全村就一台木质的老式钟摆，村里决定放在学校供娃娃们上课使用，可是当时无法找到其他的表而无法对出准确时间，裴老师托人从城里带回来一本火车时刻表，之后便看见裴老师在每天清晨第一列火车开过山脚下鸣笛的时候，准确地将钟摆的指针拨到八点钟。后来，裴老师带着我跟她一起对表，随后我就像充满革命热情的红小鬼一样成天跟着裴老师。从那以后，每天清晨都会在村口看到我和裴老师背书的身影，我总喜欢学着裴老师的样

子，坐在大磨盘上，把书放在两腿中间，双手去捧那洒下的金色阳光，沐浴在清晨的阳光里，暖暖的。透过阳光，我看到那对酒窝在冲着我咯咯地笑，而当火车出现时，我和裴老师就撒腿往学校跑，并在火车鸣笛的一瞬间将那钟表调到八点整。日复一日，在明媚的清晨，我们撒开腿跑；日复一日，在阳光灿烂的日子，我们咯咯地笑；日复一日，在没有妈妈陪伴的日子里，我不再孤单⋯⋯

转眼中秋节来了，放学后，同学们都兴高采烈地跑回家，因为今天是万家团圆的日子。那晚的月亮是那么圆，那么皎洁，可我却不愿意回去，尽管我知道奶奶在等我。我又想起了妈妈，想起妈妈象征性地咬了一口月饼而嘴角微微鼓起的样子，想起了幸福的笑。我来到了枯井旁，一列火车呼啸而过，我的嘴一撇，眼泪掉了下来。

裴老师来的时候我还在哭，9岁的孩子是很好哄的，裴老师带来了她托人从城里买来的蛋黄月饼，和妈妈给我买的一模一样。然后，裴老师把一块米老鼠的电子表送给我，我破涕为笑了；我手腕上戴着稍稍显大的手表，拿着蛋黄月饼，傻傻地笑了。我跟着裴老师踏着松软的土地，呼吸着泥土的芬芳，在那希望的田野里，默默地走着，当时我心里一直在想，这月饼和表不知是裴老师从多远的地方买来的，这可是全村的第二块表啊。那天晚上睡觉的时候我都舍不得把表摘下来。幸福的人，在梦里也能笑出声。

尽管有了两块表，可我们依旧日复一日地站在村口等火车；依旧看着那金色阳光从头顶洒下，裴老师的笑容依旧，笛声依旧，八点依旧，童年依旧。

一年后，爸爸来接我，走的那天，我好想哭，裴老师不让我哭，可她的眼睛红红的，上车后，在老师转身的一刹那，我

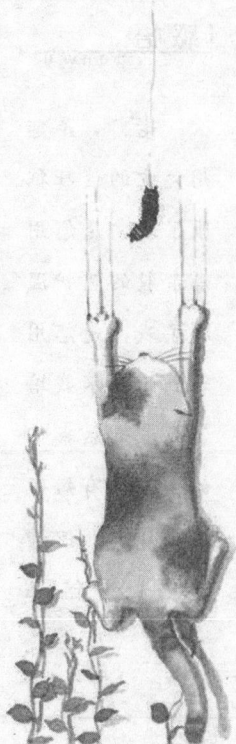

哇地一声哭了，裴老师转身看了我一眼，随后头也不回地走了，汽车在那蜿蜒的山路上晃晃悠悠地走着，我使劲儿哭，那车窗外射进来的阳光被我哭得五彩斑斓，黄土高原的角角落落都模糊了。

第二天早上坐着火车再一次路过山脚下时，透过窗户我努力向山上张望，除了炊烟袅袅，什么都看不到，亲爱的裴老师，您看到我了吗，您在目送我呢还是跑回学校对表了呢？我又哭了，不知道您哭没哭。

· 梧桐树 ·

记得刚踏上集美中学这方弥漫着浓浓的书香气息的土地，我心中有种说不出的兴奋。望着那两棵古榕在风中悠闲地捋着胡须，心中充满了对未来的憧憬。

第一节语文课上我见到了您，我被您那豪放的谈吐、大方的举止、豁达的思想征服了，随着您沿着曲曲折折的荷塘，开始了三年的文化之旅。世间最美的坟墓，我们曾瞻仰过；胡同文化，我们曾品味过；我们也曾领略冬天之美；也曾聆听杜鹃枝上杜鹃啼；我们甚至学着鲁迅运用脑髓，放出眼光，自己来拿！快哉！快哉！

老师，是您用大方的谈吐征服了我，是您用母亲般的呵护温暖了我，是您用辛勤的汗水栽培了我，虽然我们的相处只有短短的100天，但却让"我"铭记永生。

老师，不知您是否还记得那个寒冷的夜晚。那晚天空是那么清澈，星星全躲藏起来了。月光悄悄地溜进走廊，映着我俩的身影。您跟我谈完话，抚摸着我仅隔着两层衣服的胳膊，关切地问："这么冷的天，穿两件，冻着了吗？"您可知道，当时您那句话曾在一个男孩子心中泛起了一圈圈涟漪，在一个男孩子心中留下了深深的烙印。您那温暖的双手至今仍在我心中留有余温。我一直觉得自己很幸福，在初中遇到过一位慈母般的老师，在高中又遇到了您。

上了高二，我爱上了文学，我常和您畅谈文学梦想，您鼓励我多写多练，对我的习作也是单独批改。您特别注重我的写字，明确规定不论是作文还是周记，一律用小楷书写。而我的作文或周记通常字数较多，写起来很费时间，您一样毫不留情，严格要求，最终我的毛笔字也有了很大的长进。我还记得学校大门前的那棵梧桐树，我正是在那里放飞着我的文学梦。后来我常与高年级同学以及社会上的一些所谓的文学朋友交往，有时与他们一道骑车到附近的河滩、山头游玩，上课迟到或旷课现象时有发生，但您很少批评我，只是提醒我要注意安全，并要"玩有所得"……

而今，那棵梧桐树仍在那儿捋着胡须，可是，时间已悄悄地从我俩间偷走了两年多，仅留给我们三个月，100天相处的时间。就像针尖上的一滴水滴进海里，我们的时间掉进岁月的流水里，没有声音。那晚我早该有所察觉，时间与月亮勾结，悄悄地把我俩的身影往前推移。时间是世界上最经得起诱惑，最不能体会人心的脚，它永远遵循着自己永恒的脚步前进着！

树高千丈，叶落归根。而今，鹰儿已渐渐长大，即将张开有力的双翅搏击长空，叫我如何能忘记您对我的谆谆教诲，您对我的关怀！难忘恩师！

老师，您知道吗

亲爱的老师，您仍在辛勤地劳动吗？我离开您的"花园"已有段日子了，可是，您对我的"苦心栽培、耐心指导"，我依然记忆犹新，至今还使我受益良多。

老师，您知道吗？您给我的第一感觉，使我对您产生一种

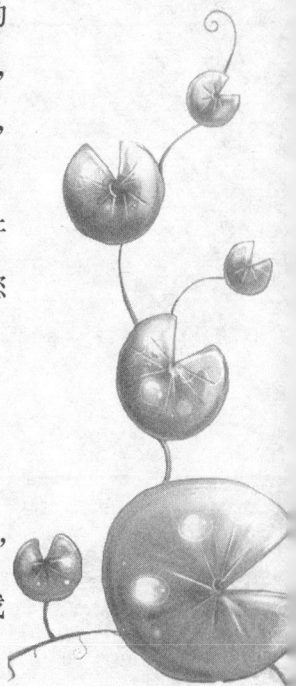

敬佩的感觉……

还记得，您的眼睛是那么和蔼可亲。可您那锐利的眼光也曾经令我紧张万分。您的眼睛看起来很近视，但比二郎神的眼睛还要厉害。每当上课的时候，我不小心做了一个小动作，就被您发现了。每当我考试不合格的时候，您就用鼓励的眼光看着我，好像在说，努力吧！争取下次考好一点。每当我考试取得了好成绩，您用那富有激情的眼睛一看，我心中就涌起一阵阵暖流，因为这是表扬的眼神，这是警告我不要骄傲的目光。您的眼睛仿佛就是我的指明灯，为我指向光明的道路。

老师，还记得那棵凤凰树吗？记得夏天的时候，您很喜欢在教室旁的凤凰树下帮我们背书，教我们，鼓励我们，这凤凰树下仿佛就是您的第二个教室。每当有同学不背书的时候，您就会在这儿陪他背。每当有同学被困难绊倒时，您就会在这儿扶他一把。您会拿这凤凰树所经受的风雨来教导我们，来鼓励我们，这凤凰树见证了您的风风雨雨，见证了我们的成长历程。

老师，您知道吗？您的种种举动，对我来说是刻骨铭心的。虽然您不是我的启蒙老师，但是您伴随了我三年，教导了我三年，为我讲授了三年的人生道理，启迪了我幼时的思想，带领我前进。

带我前进的最大动力是您讲得最多的道理——做人就要踏实，踏实。一次，我浑水摸鱼地欠交作业，因为我不愿让您看到我那丑陋的作业。我极度害怕您那面孔，可是，您却亲切地问我缘由，还细心地指导我，鼓励我：即使做得不好，也不能灰心，没有一步登天的事，做人还是要踏实。当时，我受益匪浅，觉得已经迈出了第一步。

事后，您还亲自指导我的功课，但是因为我的个性比较内

向，与您的谈话也不多。然而，不管是数学方面的问题，还是学习方法上的问题，您总是很乐意、很耐心地指导我。

我不再会因看到您的面孔而惊慌，而是受宠若惊。我既不是班上成绩最好的学生，也不是人缘最好的孩子，但我好像已经习惯了您的教学，这可能是我与老师您那心灵上的交汇吧！

老师，您知道吗？在这三年里，在您的教育之下，我从一个懦弱而迷惘的小孩，长成了能找到明灯，大胆前进的学子。老师，我真的非常感谢您，感谢您在道德和知识上给予我勇气和信心，在我的人生中树立一个重要的里程碑！现在我已经长大，我将会带着您的教导，这宝贵的东西，不辜负您对我的期望，迈向我的美好人生！

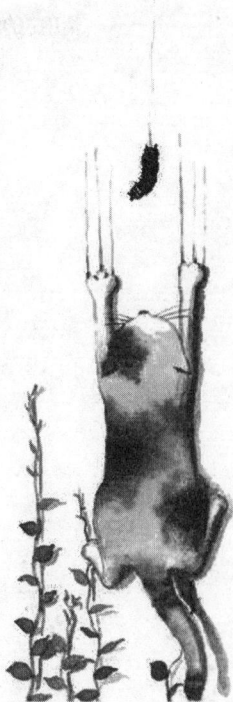

· 希望的种子 ·

"一个年轻人，因为屡受挫折，于是找到森林里的一棵树准备上吊自杀。忽然，一位老农夫喊住了他，询问他为什么要死。年轻人把自己的境遇告诉老农夫。老农夫说，你能在死前帮我收割田里的麦子吗？年轻人心想反正要死，先帮助老农夫也好。可是，当他把麦子收割完已经是春天了，老农夫又请他帮忙播种，他也毫不犹豫地答应了。播种后是除草，除草后是施肥、收割……经过几个秋冬，老农夫原本贫瘠的土地变成了丰收的庄园。老农夫对年轻人说，现在，你还有寻死的念头吗？年轻人摇摇头，他已把精神寄托在这里，再也不想离开这片美丽的土地了。"

您用徐缓的语调，把这么一个故事向我们娓娓道来。不，您说的不是故事，因为里面所包含的内涵是——对于人生，永远要朝前看，不能沉溺于失败的陷阱中！

在别人的眼中，"故事"可能是个带有深刻意义的寓言，但在我的眼中，却是有鼓励作用的支持。

您总说我是个对人冷淡的孩子，不喜欢和别人交往，没有朋友。老师，您知道吗？那是因为我小时候总被别人看不起。我的父亲是一个劳改犯，母亲早已离我而去，这几年来，陪伴我的只有白发苍苍的奶奶。童年的我早已习惯了别人的白眼，学会了用冷淡来自我保护。我不爱与别人说话，不只是您口中的冷淡，而是孤僻。

那一天，上语文课的时候，您举高手中的玻璃瓶，说道："希望就是一颗种子，只要对生活充满希望，谁都可以种出属于自己的森林。"同学们争先恐后地向您索取"希望"，我坐在座位上看着这一切，但我并没有伸出手，"希望"太沉重了。

最后，您还是公平地分发，我用右手小心翼翼捧着小小的种子，发觉原来您没有想象中那么遥远。

种子始终没有发芽，因为我不相信"希望"。

发下种子的第 1 天，您问我有没有好好地种它，我撒了谎说有。

第 3 天，我的回答是发了芽。

第 7 天、第 12 天……一个又一个谎言堆叠起来，可是再多，也弥补不了无尽的黑洞。

在您执教的最后一节课里，您除了一再说着考试的要点，还给我留下了难忘的一句话：

"只要有勇气，希望是无处不在的。"

老师，您知道吗？其实那颗种子已经在我的心里发了芽，我心中的冰雪已经融化，只是我一直是个内向的孩子，我不敢和您说。而今天我终于能放下心结了，我想对您说：老师，"希望"一直在我心里。你看，窗台上正孕育着一片名为"希望"的森林。

最美乡村教师

在大山深处有一个学校，它被人们称为"马背学校"——扇子林教学点，徐德光就是扇子林教学点的校长。扇子林小学没有路，他花一年的时间为孩子们砍出一条路；学校没有书，他用两匹白马驮回孩子们的书。

扇子林教学点始建于1975年，位于金鼎山密林深处，涵盖3个村民组40余户人家，最少时只有8个学生，最多时也只有30多个学生。学校只有几间教室，学生们到学校的两条路都有好几公里长，往返需要5个小时，大山陡峭、灌木丛生，因为学生上学路途遥远又是山路，学校每天9时上课，中午不休息，下午4时放学，几名教师和学生一样每天只吃两顿饭。当年18岁的徐德光整整用一年的时间砍出了一条5公里长的羊肠小道，后来又用黄土、竹篾夯起3间土屋，附近的孩子才开始有了读书的地方。

徐德光校长的家住在山下的金庄村。为了节省来往学校的时间，11年前，他和妻子卖了两头猪和一些粮食，花1000多元钱自费买了一匹马作为交通工具，这匹马名叫"白龙"。徐德光说："这匹马通人性，成了我的好伙伴，每天下山我都会带它到河边给它洗澡。"山里孩子上学路远，路又难走，碰上雨天，徐校长便骑着马到学生家里接他们上学，学校用的教科书、教具、生活用品全靠他的这匹马驮上山。至今那匹和他岁数差不多的老白马还陪在他身边。一次，他从马上摔下来，被摔得头昏目眩，失去了知觉，幸好有群众上山干农活时发现了他，将他扶回家，经医生诊断为胸肋骨折。家人心疼地劝他放弃，他淡然一笑：为了深山里的孩子们将来有出息，就算豁出这条命也值。

2008年的大年三十，红花岗区委书记王进江走了3个小

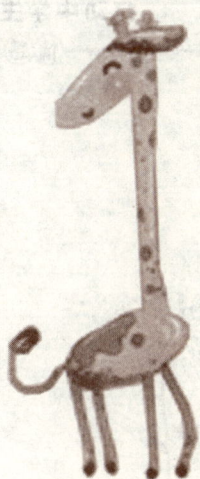

感悟 ganwu

徐德光，在这个没有路、没有书的学校坚守了20年，做这些密林深处孩子们的引路人，用自己艰辛的劳动托起了孩子们的希望，也用自己的美丽情怀感染着自己的学生。

时的路来到这里，临别时问徐老师最迫切需要什么，徐老师只说了一个字：路。路基修通了却再没有钱进行硬化了。一个叫陈仁贤的村民挺身而出，自愿捐助100万元来完成后续工程。这位40冒头的村民正是徐老师第一届学生中的一个，因为外出创业而有了积蓄。陈仁贤说，徐老师永远是自己人生的老师，他为了这个地方耗费了一生，他让自己知道什么叫"我们"。

对于"马背学校"的创始人——徐德光老师来说，最为开心的事情，不是获评全国劳模、被特邀参加新中国成立60周年庆典现场观礼，而是刚刚修通了一条近10公里、连通教学点的水泥硬化公路。有了这条路，孩子们上山就不用那么费劲了。"也许那匹老马从此就可以退休了。"徐德光在心里默默地想着，目光悠悠地望着远方。

老师的评语

转眼两年过去了，过几天就要高考了。昨晚妈妈帮我收拾房间，忽然翻出一张写满评语的成绩单。我拿着成绩单，眼前浮现出陈老师的影子。

第一次看到陈老师时候，我的心中充满了好奇与羡慕。当时的陈老师，扎着一个马尾辫，穿着大大的休闲服，和一条洗得发白的牛仔裤，年纪与我们相差无几，却是我的班主任。突然，陈老师走到我跟前，拍着我的肩膀说："哎，王雪，怎么看起来比照片上的瘦了许多。"一句话，让我感动了好几天，可想而知，陈老师为了先记住我们，开学前就已开始从照片上认识我们了。陈老师太用心了，我们全班40个同学都记着陈老师对大家的友爱与关心。

那时候，每个学期末考完试后，老师会给每一位学生的成绩单上写上评语。陈老师在我的学期成绩单的学生评语上写道：没有最好，只有更好。字面意思看得懂，但当时并未真正体会到它的含义，而今在高手云集的教室里，我才深刻体会到这句话的分量，想想更觉以前的可笑，以常胜将军的姿态傲视群雄，而您总也不断地提醒我：天外有天，人外有人。我只是不屑一顾，用得着您来讲吗？我现在的状态不是很好吗？您的用心我始终都未接受，有的只是在背后埋怨您的烦，啰唆。老师，我想对您说对不起，原谅学生的无知，原谅学生的骄傲。

有一句话是这样写的：学习要耐得住寂寞与风寒。学习像一场耐力跑，谁能坚持到最后，谁才能笑到最后。有时我虽然认识到自己的轻浮，又自认为比别人智高一筹。我没有记住这句话，直到现在，我才去慢慢品味它。我也正在接受毅力与耐力的考验，我还经常将这两句话讲给同学听，也许他们曾经听过，也许他们还不能理解，或者他们早已深刻体会到它的含义，不管怎样，我都要感谢您，感谢您的话让我成长了不少。

还有一句是：志当存高远，但切不可好高骛远。您常鼓励我们树立远大的志向，因为只有确立了目标，才会有前进的动力。但是您也说了志愿一定要和自己的能力相一致，否则只会自讨苦吃。记得那时候的我，雄心勃勃地要做一个外交家，到现在才知道，那时候的自己多么轻狂无知。我是个追求平淡的人，那种叱咤风云的生活也许并不适合我。感谢您及时提醒了我。

老师，您知道吗，其实很多事，现在细细想来，都会让我重新认识自己。我曾经顶撞过您，曾经对您直呼其名，曾经对您表示不满，不知当时的您怎么想。我感到自己成长了不少，懂得了不少，也更加理解老师了，一名教师，的确不容易。也许我现在懂您的用意已太晚了，现在，我将参加高考，接受学习生涯的第二个考验。您的学生又将毕业了，我知道，那将又是您的一个骄傲。

在这里，我只想对您说：谢谢您，老师，谢谢您那些催人向上的评语。

一个人改变一所学校

三年坚守，她用知识和爱心耕耘着70多名孩子的未来。高原之巅，她用热情和青春守护着"高原花朵"的成长。一个人的微小力量改变了一所学校和一群孩子，这种力量实际很强大。

在海拔1800多米的湖北恩施鹤峰县中营乡，有所高原小学。四年前，一个毕业不久的女大学生来到这里，犹如一朵雪莲花，为孩子们带来了知识和快乐，为落后的高原小学带来了生机和希望，她就是2012年最美乡村教师——邓丽。

2009年8月的一天，鹤峰县已经很冷，邓丽穿过蜿蜒的山路来到小学报到。

"哇，是个女老师，好漂亮啊!"孩子们挤在她的办公室门口，探着头，用惊奇和欣喜的眼神望着这位新来的老师。邓丽是这所学校唯一的女教师，也是和学生年龄差距最小的老师，孩子们都很欢迎她。在她来之前，学校只有7名男老师，平均年龄54岁。

除了是高原小学的第一位女教师之外，邓丽还为学校带来了其他"第一"：孩子们第一次开口说普通话、第一次上了英语课、第一次站上了舞台、第一次吃上了免费午餐，学校举办了第一个"六一联欢会"、有了第一个澡堂……邓丽的到来，给高原小学带来了新气象。

在学校，邓丽当一个班的班主任，带一个年级的语文课、四个年级的英语课和全校的音乐课，还兼任了少先队辅导员和女生寝室管理员。

邓丽的到来，为寂寞的鹤峰高原带来了活力。但令人意外的是，在来到高原小学之前，邓丽在武汉有一份月收入4000元左右、令不少人艳羡不已的工作。然而，一心想做一名"纯粹"老师的邓丽，毅然决然辞掉工作回乡支教，并且主动申请来到了环境恶劣、条件艰苦的中营乡高原小学。

在邓丽的学生中，有一对聋哑兄弟，他们的父母在外打工，兄弟俩从小被寄放在学校。没有学过特殊教育的邓丽，让

兄弟俩捏住她的嗓子感受震动，用夸张的口型、自创的手语、纸条跟他们交流。在悉心培养下，聋哑兄弟的成绩从 20 多分提高到了 70 多分、80 多分。

在寒冷的冬天，邓丽第一个起床，到教室里生火炉，挨个叫孩子们起床。她亲手给学生洗澡，"希望把她们洗得水灵灵的"。在邓丽眼中，每一个孩子都是高原上的花朵，只要用心呵护，他们就能绽放娇艳的生命。

2011 年 5 月，邓丽考入正式教师编制，可提前结束资教生身份，分配到中心学校。但孩子们的眼泪和被需要的幸福感，让邓丽又回到了高原小学。

"你们放心学习，老师不会走。"邓丽对每个孩子都这样说。谈到资教期满后的去留问题，邓丽很坚定："上面派人下来接班，我才能走，如果没人来，我就不走。"

邓丽的精神感动了很多人，但她觉得自己并没有多伟大。她说，她只是想找份有幸福感的工作，山里的孩子需要她，被需要就是一种幸福。

· 用爱和生命去坚守 ·

56 岁的于贵勤已经退休了，却仍被特批留任，继续担任着这所学校的校长。她是最合适的人选。因为是她，使这个原本没人知道的山村学校走出了大山；是她，带来了这所学校的每一次改变。没有她，就没有现在的孤山小学。更重要的是，没有人能代替她对这所学校的爱，没有任何东西能坚固得过她对这片土地的坚守。

留任的于贵勤的脑海里有两个影像在播放：一个是眼前这个校园，另一个，则是 23 年前那个破旧的院子。12 间破旧不堪的平房，没有院墙，没有窗户。穿着几乎露屁股的衣服的三四个孩子挤在一张桌子前，仅有的几把凳子只能作为摆设，根本无法坐人。

于贵勤哭了。这是什么地方啊，她就像一个被抛弃在荒郊野外的无助的孩子。作为老师，她看不到事业的希望。作为女人，她也看不到生活的希望。

那一夜，她失眠了，辗转反侧。

看着黎明悄悄扯开夜色露出头角，听着昨日还哭闹的孩子在身边已经发出均匀的呼吸，于贵勤心里也渐渐亮堂了：希望是自己给的，不是摆在那儿的。就像这黎明，需要冲破黑暗。

"好好干吧，干好了再走。"于贵勤对自己说。

心安定了，一切便稳当下来。然而，现实的残酷才刚开个头。于贵勤带的是毕业班，通过上课她才发现，学生们的文化水平仅仅相当于三年级。

"怎么办？"这是于贵勤必须要攻克的第一个难题。在取得校长的同意后，她利用放假时间给孩子们补课。那个冬天太冷了，于贵勤把24个孩子领到自己的家里上课。没有黑板，她拿出了家里的面板；没有板擦，她便用毛巾代替；没有凳子，她跑到外边找到木头自己做……

一年后，这个历年来都顶着全县倒数第一帽子的学校，愣是以合格率100％的成绩把孩子们送进了初中。也是这一年，于贵勤成为孤山小学的校长。

夏天，孩子们在没有院墙的学校里玩耍，经常看见从附近山上爬下来的蛇趴在操场上。冬天，没有窗户的教室四面透风，孩子们穿着拖鞋和单薄的衣服站着上课。山里的孩子就是苦啊！站在黑板前的于贵勤心里很疼。她想让那些纯洁的求知的山里孩子，不受动物的侵扰，坐着上课。然而，就是这样最基本的要求，这个贫困的学校也无力承担。

没有钱买，于贵勤就想到了"化缘"。1993年的腊月，她准备到承德市寻求帮助。在这个距离县城120多公里的偏僻山村，每天只有一趟班车通往市区，乘车的地点还在8里之外。

清晨 4 点钟，于贵勤便起床往村外走。黑漆漆的村子，只有幽幽的路边的树影。寒风吹着树枝哗哗作响。于贵勤顶着内心的恐惧，一路小跑。前日下过一层小雪，路面湿滑，等于贵勤跌跌撞撞地跑到地方，棉袄全都湿透了，可是班车却已经开走了，地面上只剩下两道车辙……

就是在她这样一次次的"化缘"之下，学校的院墙有了，学生们的衣服有了，学校的教学楼也有了。而于贵勤有的，除了高兴，就是一根根早生的白发。

有人说于贵勤傻。她说："如果我的傻能让这些孩子都通过文化知识走出大山，我就傻一辈子吧。"

·大海的胸襟·

我独坐在窗前，望着照片中的您，心情不禁如大海般汹涌澎湃，您那灿烂的笑容在大海的衬托下显得更加美丽，在我的脑海中越发清晰起来。此刻，您在何处呢？

记得，您曾常常带领我们到海边玩耍，看着我们欢呼雀跃的兴奋样子，您总是也快乐得合不拢嘴。您和我们一起踏浪，与调皮的浪花追逐、赛跑；您和我们一起拾贝壳、捉螃蟹、探究生物的奥秘；您和我们一起在沙滩上堆城堡，比赛谁的城堡最漂亮，最有特点……在沙滩上，留下我们欢快的足迹，银铃般的笑声与纯真、美好的回忆。不仅如此，您更鼓励我们奔向大海的怀抱，敞开胸怀大声地与大海对话，那时的我们懵懵懂懂，只管照着您的话做。现在想起，我才明白您这么做有您的道理。您想让我们得到的不仅是精神上的快乐，更是精神上的升华。您想让我们体会并拥有像大海一样海纳百川的宽广的胸怀，博大仁爱的容人之心，您的这一番良苦用心将会令我一辈子受益无穷。

您是否还记得，初一那年，班上一名男同学自习课时听随

身听，被班长发现了。班长要将他的随身听没收，他不肯，班长叫来了您。当时那名愤怒的男生竟朝您的腹部踢了一脚。您哭了，不是被踢疼了，而是心疼，心疼自己教出来的学生竟会如此。下午的班会课，当您用通红的眼睛面对着低垂着脑袋、等着挨骂的我们时，您却出乎意料地，仅寥寥数语便带过自己所受的委屈，而夸奖了两个平时学习成绩很差的同学，因为当时他们拉住了那名男同学。您就是如此的心胸开阔，如此的善良，这是您在人生上给我上的重要的一课。

您是否还记得，我们班那名爱打架、要大哥的男同学被您任命为副班长后而变得沉稳了呢？还记得有一次，他上课时与政治老师发生争吵，一气之下，他将椅子从三楼扔了下去，还用手将玻璃窗打破了，手上血肉模糊的。您没有批评他，反而说他有了很大的进步——他没有打政治老师，而是选择了伤害自己。正是您的循循善诱，才使得今日已工作的他，还时不时地回去看望您。您的人格魅力不仅征服了他，也征服了我们！

您说您深爱着大漠中的每一株柳。它们坚定地守护在狂风与沙砾中，为了保护身后的绿洲。您从遥远的北国奇迹般地来到我们身边，为的也是在世俗的丑陋中保护未曾受过污染的小小的心。是您，让我不仅学到了知识，也学会了做人。

心中的老师

数学老师姓何，是我最喜欢的老师。他不是很年轻，但也不老，所以我暗地里叫他"小老头"，但我对他是非常尊敬的。其实何老师长得非常可爱。他留着伟人式的发型，圆圆的脸，再加一口被烟熏得黑黄黑黄的牙齿，常穿一件灰色西服，蓝色裤子，脚蹬一双不经常发亮的皮鞋。个子虽不高，但当我走近他时，我仿佛就能感觉到他知识的渊博。

何老师是个很幽默的人，每次上课都让我们乐个不停。当预备铃打响时，他就走进教室，让我们打开书，但他却不翻书，让我们先阅读要讲的内容。然后到正式上课铃一响，他就让我们合上课本，听他开始讲解。他把课本和教案压在粉笔盒下，然后就绘声绘色地讲起来。他那一脸深奥的表情和一句句浓厚的乡音，常常把我们迷住，又常引得我们哄堂大笑。他上课也很严厉，但他的笑让你琢磨不透。当你与周公"聊"得正欢时，他会神不知鬼不觉地来到你面前，笑着用手拍你几下，直到叫醒你，把你引回课堂。尔后笑着做个让你站立的动作，就走开了。当他认为你没有睡意了，就笑着让你坐下。

当然，作为班主任，他对我们要求也十分严格，每课必发一套题，若不按时完成，就会受小小的惩罚；上课不专心也同样受罚。他最痛恨的就是考试作弊现象。他曾屡次教导我们做人要诚实，学问并不是最重要的，做好人才是最重要的。可是一些同学那时并没有很好地认识这一点。一次数学考试前，何老师照例从墙上把一块松木板子取下来，对同学说：我们教育是以诚实为宗旨，决不允许任何人在这里自欺欺人，虚度时日，这既浪费了你们的时间也浪费了我的时间，我奉陪不起，下面开始考试。说完他走了出去，但还是有人作弊。一天下午，一个同学战战兢兢地站到了老师身边承认了自己的错误，老师说：很好，能够自己承认错误，但是错误已经铸成，就必须承担后果。"啪！啪！"两声，大家都闭上了眼睛，全班几乎没发出任何声音，最后大家睁开眼睛，看着何老师的木板狠狠抽在椅子上！原来如此，看似体罚，并无肌肤之痛，但却记忆至深。

他对同学也非常关心。同学有疑难问题了，就算再忙，他都会先给同学讲题，再去做其他的事情。记得有一次，我们班有位同学去请教，他立刻把刚端起来的饭碗放在案头，在办公桌上给那位同学讲起来。老师先从定理公式入手，一步步详细

感悟
ganwu

老师是天穹的星辰，引导着我们向前进；老师是夏日爽心的微风，吹散了我们心头的闷热。沧海桑田，斗转星移，时间、空间改变了许多，而唯一不变的是老师们那颗炽热的心。

讲解，还举出了多种解法。当同学的脸上露出了收获的喜悦时，老师的饭都已经凉了。那位同学向他表示歉意，他却说没什么，还很高兴似的，并且留同学吃了饭。他对同学们的身体、生活也很关心，时常问寒问暖，帮助同学们。他也常向我们讲一些道理。他对高考有着深入的分析，并仔细地研究过。他常把一些对我们有利的信息以及资料讲给我们听，希望我们能够把握好现在，打下良好的基础，为高考做好准备。

· 人生的引路人 ·

熬过了高中三年的苦闷生活，闯过了黑色的6月，我高兴不已，终于不用再过那种炼狱般的生活，也不用每天听父母的唠叨，我可以自己做自己的事儿，我似脱笼的小鸟，无拘无束，得意忘形。

可是报到那天，看到学校面积的狭小，校舍的陈旧，我心里失落之极，这时辅导员王老师走了进来，他乐呵呵地告诉我："你们要树起生活的信念，再肥的草原也有瘦马，再小的小溪也有大鱼，只要志存高远，坚持不懈地努力也可以改变自己的命运，成为小溪中的大鱼。既来之，则安之。难道那些上重点大学的就没有失落吗？就没有不满吗？有，人的欲望是无止境的。"他是那么健谈，说得我们心服口服，我也不再那么浮躁，那么不屑，开始设计自己的职业生涯和大学生活规划。第一次见面，王老师就给我留下了深刻的印象。

王老师带我们高数课。刚开始，我们对王老师的教学方法很不理解。他不是在讲台上讲课，而是要求大家自己看书，有疑难可以提问，一连几堂课均是如此。等自学完一个单元后，开始上讨论课。他说，上我的课，不能只带耳朵来，还要带嘴巴来，更要带思想来。这样，数学课就沸腾了，王老师则端坐一旁，俨然一位运筹帷幄的指挥官。后来，同学们的自学能力提高了，数学成了大家最喜爱的学科，王老师的教学法也闻名遐迩。

王老师的追求不仅在教学，尤重在育人。他有一句口头禅："老实孩子没出息。"他生活在我们中间，是我们可敬的师长，更是我们可亲的朋友。星期天，我们几个住校生便来到他家自己动手丰衣足食，一番锅碗瓢盆交响曲过后，王老师又开始了他的宏论："老实孩子没出息。一个人要有健全的品格，凡事要靠自己的脑子想，不要人云亦云。"他的话时时鼓励着我们，使我们对未来充满美好的追求，对生活充满了智慧的思辨。

快毕业了，很多同学为考研还是找工作的事而烦恼。王老师则积极鼓励我考研，他说我头脑灵活，也肯下工夫，应该去试一试，即使不成功也为之奋斗过了。接下来的日子，他和我一样也报名准备考研，他每天在百忙中，总也要抽时间给我讲讲英语，辅导辅导数学，那些积分、单词、语法在他的口中没有了枯燥，只有无限的乐趣。成绩出来，我考得很好，我的心里满是喜悦，王老师比我还开心，尽管他没有考好。就要去新的学校开始新的生活了，在走之前，让我为您斟一杯茶，再说一声：感谢您，亲爱的老师，感谢您无私的帮助和谆谆教导，感谢您，我人生的好老师。

· 师恩如山 ·

三年前一个寒冷的夜晚，我独自在外面徘徊，不知不觉走到老师的宿舍前。风更大了，灯火开始摇曳，一个熟悉的身影映上窗口。我在窗下驻足，心乱如麻。我是来告诉齐老师我要退学的消息的。我家里太穷，没有多余的钱交学费，当年来上大学的钱，全是妈妈从亲朋好友那一点一点地凑来的，可前两天妈妈又生病了，又要交学费了，家里真的拿不出一分钱了。我实在不愿意退学，齐老师也不会同意的。他如果知道了一定会自己出钱帮助我上学的，但齐老师家也是上有老，下有小，

感悟
ganwu

我们永远不要忘了老师为我们所做的一切，都说老师是辛勤的园丁，是燃烧自己的蜡烛，是吐丝不尽的春蚕；但老师更是座山，他们给予我们的是一辈子也承载不动的恩情。

经济也很紧张。还是不告诉齐老师，直接退学回家吧。可是齐老师对我那么好，如果我就这样不辞而别，齐老师一定会很伤心的。正犹豫间，门忽然开了，齐老师从里面走了出来，手里还拿着一个信封，见到我，赶紧把我拉了进去。

见到敬爱的齐老师，我却不知道该怎么开口了。终于我鼓足勇气对齐老师说："老师，我要退学。"我支吾着，不觉两颗泪珠滚落下来。谁知老师并没有惊讶。他没有说什么，只是把手里的信封递给了我，我接了过来，里面有 3 000 块钱。

"这……不，老师我不能收您的钱，我情愿不上学。"

"听着，你必须好好念下去，钱的事不是你该操心的。我已经跟学校领导说明了情况，让学校减免一部分学费，再从我工资里扣一点……"

"不行，您的工资得养活一家人呢。"我料到齐老师会这样，没等到他说完就打断了他。

"孩子，人穷志不能短。书一定要念下去，困难总会过去，没文化将来怎能摆脱贫穷呢? 你将来有出息了就是对我最大的回报。"

靠着老师的帮助，我终于渡过了这次难关，又能继续上学了。但命运并没有因此而放过我。好景不长，第二学期刚开学体检，医生跟我说我急需住院时，我呆了。这次费用怎么办，不能再麻烦齐老师了。为了我，齐老师承受了太多不该承受的东西。我感到绝望，甚至想到了死。正在我不知所措的时候，齐老师带着系主任来了。第二天，我就在老师们的陪同下，顺利住进了医院，系主任还帮我垫付了 3 000 元的住院费。后来，系里其他的老师都分别到医院来看望我。夜深人静的时候，他们的暖语就像天使一样抚慰着我一度孤寂的心灵。我一直保存着那时齐老师送给我的水果篮子，以后不管我走到哪儿，我都会带着它。

三个月后，我的病终于痊愈了。而为了解决我的经济困难，在我住院期间，学院帮我申请了贫困生奖学金。感动中我仿佛重生一般高兴：终于又可以上学了!

第 3 章

遥知兄弟登高处，遍插茱萸少一人

在这个世上，正是因为有了他的陪伴，你才会觉得不寂寞；也是因为有了他的呵护，你才得以无忧无虑地成长；还是因为有了他的指引，你才有了今日的辉煌。他为你赶走夏日的炎热，他为你拂去秋天的烦恼，他为你驱逐冬天的寒冷，他为你带来春天的希望。他——便是你的手足，这个世上和你骨血相连的人。也许你们曾经因为年幼无知而争夺打闹，也许你们曾患难与共，也许你们已经阴阳相隔，但是在你们的身体里流着共同的血，无论身处何处，你们的这份手足情是永远也割舍不掉的。

长兄如父，长姐如母，在他们身上有父母的影子，甚至有时他们就是弟妹心中的父母。无论你在家中的排行是什么，你们都是彼此成长的见证。或许今天的你是家中的独子，早已习惯了独享一切，而从未体会过骨肉亲情的感觉，那么读读这些感人的小故事吧，你会从中体会到"遥知兄弟登高处，遍插茱萸少一人"的情思。

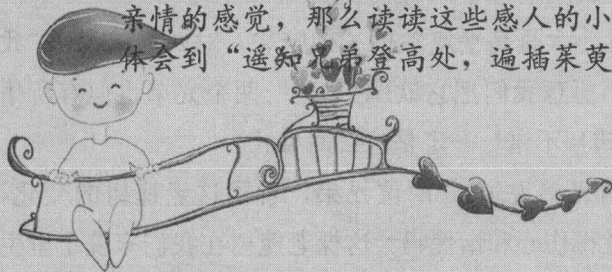

·老槐树·

一座古镇里，有一户人家，母亲带着三个儿子过活。不幸的是，有一天，母亲病重过世。

老大高平拉扯两个兄弟慢慢长大成人。兄弟三人长大后，都各自成了家。三兄弟还是很和睦，可是妯娌之间相处却不那么容易，日子久了，难免有些磕碰。于是，他们便商量着分家另过。

三兄弟平日里相互友爱，情同手足，分家的事，大家毫无争议，所有的财产，统统分成三份，每人各得一份。

对于院子里的一棵多年生的老槐树，三兄弟却不知该如何分才能公平。三个人你看我，我看你，都没有了主意。大哥高平主动让给两兄弟，两兄弟谁也不肯独占这棵老槐树。最后，实在没有主意，兄弟三人只好决定把树从上到下分成三截，每人取一段。这样的分法可谓公平分配，谁都没有意见，说好了，第二天砍树分树。

第二天一大早，兄长高平提着斧子和锯来到院子里，抬头一看，愣住了——昨天还好好的一棵老槐树，今天怎么像是要枯死的样子？叶子全都枯萎了，枝条也像被烧过一样，干裂粗糙。

高平连忙去唤两位兄弟，两兄弟随大哥来到院子里一看，也都愣住了。这究竟是怎么回事呢？兄弟三个相对无言，木偶一样愣在那里。

好一会儿，大哥高平忽然拍了拍脑袋，对两兄弟说："我想它是不是不愿意我们把它砍倒分开？"两个兄弟也似有所悟地喊道："不错！不错！一定是这么回事。"

高平对两兄弟说道："两位兄弟，看了这老槐树的变化，难道我们不觉得伤心和惭愧吗？这棵老槐树在我们家院子里生

活了几十年，它亲眼看着我们兄弟三个长大成人。它不愿意把同根生长的根茎、树干和树梢分割开来，所以听了我们砍树的想法便很有灵性地表现出它的伤感，从而也教育我们同母所生的亲兄弟如同手足不可分割。"

三兄弟至此不再想分树的事，连家产也不分了，大家和和气气地生活在一起。老槐树也奇迹般地恢复了生机，长得比以前更加繁茂。

· 生命中的姐姐 ·

在我的生命中，有三个重要的女人，一是给予我生命的母亲，二是那个和我恋爱八年之久的女人——琳。可是我这里要写的是我的姐姐，一个同样举足轻重、让我铭记在心的女人。

姐姐是我最不能忘的女人，父母常在我的耳边嘀咕，你一生可以不认我们，但绝不能不要你的姐姐，你能拥有现在的一切，都是你姐所赐，你日子好了，别忘了帮衬你姐，姐姐的恩情你要时刻记挂在心头。

小时候的我依恋姐姐胜过母亲，母亲为了养活我们，长时间在外劳作，把我交给了姐姐，姐姐也疼这个比她小许多的弟弟。那年月，家穷，不仅三餐难填饱肚皮，住宅也窄得一览无余，两张床，一张是父母用，另一张就是我和姐姐睡，因为我小，特别惧怕黑夜，每当夜幕垂临，煤油灯灭，在伸手不见五指的周遭，脑海里无端地幻化出许多莫名的事物，印象中屋檐下堆放的是一些干枯的木材，却感到它们伸胳膊蹬腿的，一个个活动开来，成了蠕动的蛇，向我游来。屋外风过竹林那猎猎的声响，一两声夜莺的聒噪，让我全身哆嗦，不由得蜷伏着弱小的身子，依偎在姐姐的腋窝下，听着姐姐的平缓均匀的呼吸声，才安静下来，沉沉睡去。

在我年幼无知、咿呀学语、蹒跚学步时，没少给我姐姐难

| 感 悟
ganwu

姐姐正如屹立的巨石，为弟弟撑起一片天空，尽管这其中有很多艰辛。姐姐的恩情是弟弟无法偿还的，然而姐姐的幸福也是弟弟一生的幸福。

堪与泪水。每次上学，姐姐都要抱着我，或是背着我，和其他同学一道走向学堂。在课堂上，我并不能安分守己、老老实实坐在板凳上，时常拉扯着姐姐的衣角，要这要那。有时，在同学们听得聚精会神，老师讲得眉飞色舞，达到课堂高潮时，我哇地一声哭响，或是与此毫不相干的一句高音，大煞课堂风景与氛围，老师气急败坏地指着姐姐，厉声说道："滚出去，你，还有你那个小弟，以后如果再见到他，你也不用来上学了。"姐姐满脸委屈，滴答着眼泪，低着头，用怨恨的眼光看着我，旁边的学生一脸的幸灾乐祸，看着这一出戏。姐姐站在教室外用小手掐我，又抱着我失声痛哭，我仿佛知道自己犯了错，也不言语，只是用脏兮兮的手去揩姐姐眼角的泪水。这还不是主要的，当姐姐在教室里专心致志地做着作业，我却在旁边拉屎撒尿，臭气熏天，全班的同学都向我们投来诧异的眼光时，姐姐神色错乱、面容羞红、手忙脚乱、哭笑不得，姐姐曾多次指着我恶狠狠地说："谁管你，谁管你，反正我不想再带你了。"然而在每一个晨起的日子，姐姐又带着我欢天喜地地在那条寂寞的道上高歌低语。

　　姐姐爱上了村里的一个大学生，可是双方家长都不同意。外界的压力，使姐姐整天以泪洗面。后来姐姐只身去了南方，她要离开这个地方，这个令她伤心流泪不绝的地方，姐姐走的时候有一种誓不回头的壮烈，她走的时候天空飘雨，她走的每一步都像踩在我的心上。我看见姐姐的背影，就止不住落泪。

　　姐姐在外面的情形到底如何不得而知，开始的艰辛是一定的。姐姐有很多人追求，有港台老板，有博士硕士之类才子的示爱，姐姐都婉言谢绝，她始终在等待那个大学生。在大学生一再的劝说下，他的父母终于顽石点头，应允了这婚事。在我高二时，姐姐终于穿着洁白的婚纱，在艳阳高照、晴空万里、喜气洋洋中，从那简陋的小屋走出，与大学生手牵手，一步步走向婚车。在阵阵鞭炮声中，看着走进婚车的姐姐，我的泪又

一次涌了出来，我知道那是欢喜的眼泪，但也有淡淡的失落。看着笑靥如花的姐姐，我知道姐姐把握了一生的幸福。有了姐姐的幸福，那些苦涩的日子在我的记忆里不时浮沉，虽有辛酸，更多的是无法言喻的美。

· 逝去的妹妹 ·

妹妹是在一场车祸中离我而去的。在三年前的一个冬日的下午，我接到了一个几乎让我晕倒过去的电话。我唯一又至亲至爱的妹妹在回家探亲的路上发生了车祸，救护车还没到，妹妹就走了，和她一起去的还有她的丈夫。我想着他们夫妻俩第一次手牵手，从遥远的山西太原回来探望我和母亲的情景，我的心就一阵阵刺痛、一阵阵淌血！

在去妹妹家奔丧的途中，我拼命地克制着自己，不让泪水流出来。我必须用更多的时间、更多的力气去照顾已经奄奄一息的母亲。但是，当妹妹的遗体从殡仪馆的冷藏间推出来活生生地呈现在我面前的时候，我终于忍不住地失声痛哭！

妹妹走了，她真的离我而去了。生命脆弱如丝。你还没有看到它的身形，你还没有感觉到它的声音，它就不见了。妹妹带着她花朵般的年龄，带着她许多未尽的心愿，匆忙而又安静地离开了这个世界。她是那样安详，又依然是那样楚楚动人。好像她早知道命运会如此安排似的，她走得干干净净，清清爽爽。我没有看到她脸上显露出一丝的痛苦和忧伤，这让我的心稍稍得到了一点安慰。

我的母亲只生下了我们兄妹俩。妹妹小我 4 岁，说老实话，在我们那个重男轻女的家族里，妹妹自小得到的爱好像比我要少，但我很喜欢也很疼爱她。因为我是她唯一的哥哥，她也是我唯一的妹妹。我们兄妹感情深到自小睡一个枕头，带一个饭盒去学校。妹妹说跟哥哥在一起，吃饭、睡觉都香！

哥哥是妹妹的保护伞，妹妹是哥哥的开心果，如今虽然阴阳相隔，但是这份亲情之线却永远也不会断，无论是在天上还是在地下，妹妹总是活在哥哥心里。

　　有一个下雪天，我带着妹妹去村口的小河边捣弄冰块。妹妹高兴得像一只跳来跳去的小袋鼠，但小手冻得通红通红的。我心疼极了。将她的小手捧在我的手心里，一口一口地从嘴里哈着热气。妹妹出神地望着我，忽然说：哥，要是我不是你的妹妹该有多好啊！我说怎么这样说呢？妹妹说你那么会疼人，娶了谁谁就有福气啊！我用手轻轻地刮了一下她的鼻子，说，想什么呢，没长进！我们捧着一片大大的冰块回家，一路上都是妹妹像山间响铃似的笑声……

　　妹妹从小就是个野丫头。她喜欢和一群不大不小的伙伴们满世界地疯跑，打架，跳到河里洗澡，捡别人放炮后漏的鱼，玩每一种农家小孩儿都玩过的游戏，还绞尽脑汁找别的玩儿法。更多的是偷东西，西瓜、红薯、高粱，所有能入口的，都是我指使着行动，妹妹放哨，我再进去偷，然后一起找个隐蔽的地方吃掉。从那时候开始，妹妹就习惯做我的左右手了。妹妹长大了也一样有一种巾帼不让须眉的气势！从南到北，一路上风风火火地闯着。她说她喜欢三毛作品中的那种高远和苍凉的意境。她认为只有那样，才能让自己过得内心充实而又丰富，才不枉来世上走一遭。因此，我和母亲常常为她担着一颗心。可有一年的秋天，妹妹忽然来电话说她要结婚了。男朋友带回家的时候，我看到妹妹一脸的幸福以及男友对她的细心呵护，真是又高兴又忧伤。高兴的是妹妹终于找到了一个停靠自己的港口，忧伤的是妹妹在成为别人新娘的同时，会不会也成为别人的妹妹，而我这个哥哥是不是就有点多余了。

　　如今，一切都显得是那样的遥远而又模糊了。唯一清晰的就只有与妹妹诀别时，刻在脑海里的妹妹的那一张桃花似的脸。妹妹，今天是一年一度的圣诞啊！好多人都在狂欢，好多人都在过着一种甜蜜的日子。你在天堂的那边可好？那边冷吗？那边有没有你喜欢堆的雪人？那边有没有一个像哥哥一样的人疼你爱你啊？记着啊，冬天来了，别忘了多添衣，你的手

经常会被冻坏的，我给你买的那副貂皮手套，你要好好地戴着。如果想回家，你就到我的梦中来吧！我早早地打开了暖气，我开着香槟等你呢！

·愿姐姐永远幸福·

"明天我要嫁给你啦，明天我要嫁给你啦……"这是我以前常听到的一首歌。歌词都已经记不清了。那时候"嫁人"的感觉，对我而言，就只是在自己的梦里出现过，至于究竟想了多少内容，则少得可怜。然而时隔多年的今天，我终于面临了这"姐姐明天就要嫁人了"的局面，心里的感觉——真好！

说句实在话，姐夫是个很不错的人，他很爱姐姐，对姐姐也特别关心。但是我一直都很不喜欢他，就因为我觉得本来我和姐姐两个人好好的，现在，姐姐被他抢走了。每每看到姐夫来找姐姐，以及姐姐和姐夫在一起幸福的模样，我就很妒忌。我也很爱姐姐，这与恋姐情结无关，我爱她，因为她是我的姐姐。

姐姐是个很随和的人，看起来温温柔柔的，经常会给人没有什么主意的感觉。其实姐姐是个很有主见的人。除非她真的没有主意，否则她可是倔得很，用爸爸的话说是八头牛也拉不回来。

曾经我是很积极地去帮姐姐物色结婚对象，但是从来没有想到有一天当她要结婚时我会有什么样的感觉，甚至于根本就不觉得自己会有感觉。但却没有想到，她真的宣布她要结婚了，我心里的感觉竟然如陈杂味：好酸，好甜，好难舍……

姐姐没有男朋友的时候，每个周末，她都会给我打电话，或者带一大堆好吃的东西来看我。虽然我看她的次数大大地超过了她来看我的次数，但是她总是细心地感受着我的一切……可是，认识了那个未来姐夫之后，我就像是被抛弃的那一个。

姐姐对自己心爱的人的好胜过任何人，包括我。姐姐就是

感悟
ganwu

看到姐姐快要成为别人的新娘，弟弟的心中都会有些不舍和酸酸的感觉。因为姐姐是弟弟心中永恒的星星，永远照耀着弟弟的天空，而弟弟也会用自己的光芒温暖着姐姐的心田。

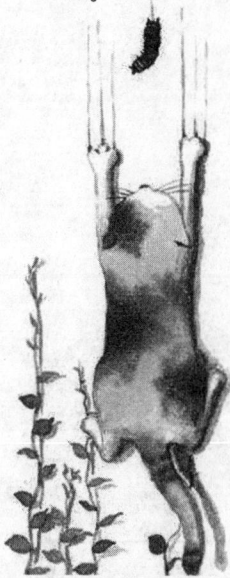

75

这样，对自己所爱的人总是尽心尽力。而我却觉得心里很酸。可是我总不能对姐姐发脾气吧？所以只有用不喜欢那个未来姐夫来出气，气他抢了我姐姐的心，尽管很没道理，但我还是不喜欢他。曾经有一个笑话说一个3岁的小男孩很讨厌整天来找他姐姐的男孩，终于有一天他生气地对男孩说："你自己没有姐姐吗？干吗总来找我姐姐！"我觉得我就像那个小男孩。

姐姐从小就是家里的宠儿，她长得漂亮，又很能干，每个人都喜欢她。虽然我有时候很妒忌姐姐的好人缘，但我还是忍不住也要去喜欢她。姐姐很单纯，是那种没被社会污染的人。她在她所在的工厂里，一干就是好几年，换做是别人，早就耐不住性子了。用妈妈的话说，姐姐前生一定是只兔子，所以现在被抓到哪儿，她就蹲在哪儿。从进入社会工作以来，渐渐地，我总是把姐姐当成是小孩子一样地照顾她，关心她，生怕她受委屈。有时候我觉得我怎么像个老太太似的。所以当姐姐说她要结婚，而姐夫又对她那么好的时候，心里的甜，总是多过其他。

姐姐与我都是样貌如母，而性子像极了父亲。我和姐姐天生爱静，都不爱说话，特别是对陌生人。我们最大的爱好就是坐在一起看书，尤其是日本漫画，这是我们最大的爱好。有时我们还会为了争夺漫画互相追打。可是我们谁也不把这当真，我们的感情只会越来越好。

姐姐明天就要嫁人了，我的心里满是不舍得。但是，姐姐终归要离开我的，她有自己的幸福要去追求，所有爱她的人都不会阻拦，有的，都只是祝福！

"你的心情现在好吗？你的脸上还有微笑吗？人生自古就有许多愁和苦，请你不必太在意，洒脱一些过得好。祝你平安！哦，祝你平安，让那快乐围绕在你身边。祝你平安！哦，祝你平安，你永远都幸福，是我最大的心愿……"姐姐，你听到弟弟的祝福了吗？

只想让弟弟重回学校

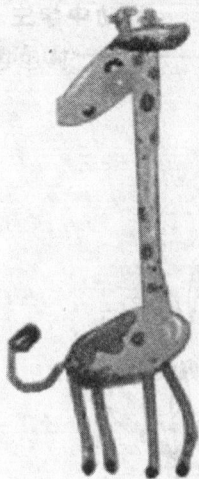

中国梦想秀现场来了位"小宋祖英"，名叫罗艳，是彝族的姑娘，今年24岁。沉稳的台风，清亮的歌声，酷似宋祖英的外形，罗艳一出场就被周立波称为"小宋祖英"，而她所要圆的梦只是想让弟弟重新上学。

罗艳一家生活在四川山区，家里生活条件很窘迫。5年前，罗艳收到了大学录取通知书，全家都很兴奋，但是家里的条件不允许两个孩子同时上学。罗艳一家处在大山之中，那里的思想也相对落后，重男轻女的思想很严重，当时家里人是想让弟弟继续上学的，但为了圆姐姐的大学梦，当时15岁的弟弟做了一个决定：让姐姐继续上学。懂事的他为了让姐姐安心上学，在亲自送姐姐到大学报到后从初中辍学了。他说："姐姐是村里第一个大学生，我很骄傲。我作为男孩，可以出去打工，自己赚钱，但女孩子如果不读书，就只能嫁人。"之后，15岁的他去工地开起了铲车。未成年又初来乍到的他总是被人欺负，但他从来不会跟家里诉苦。他心里只是记挂着姐姐，只要能让姐姐上完大学，他就心满意足了。

虽然弟弟说不觉得姐姐亏欠自己，但罗艳说："弟弟为了我放弃了这么多，我这辈子都没法还清他这些债。所以我现在要找一份工作赚钱，让弟弟和爸妈可以不再这么辛苦。"

蝴蝶飞

小云很小就是和姐姐一起生活的，姐姐读了幼师早早出来工作。

姐姐很美，有很长很黑很柔的头发，她总喜欢编起一条粗粗的辫子，扎得高高的。姐姐其实也只有十七八岁的年纪，也

是轻快的步子，辫子就在脑后荡呀荡，跳着不知是东方还是西方的舞蹈。

不知是什么时候起，街上扎辫子的女孩开始流行戴一种像钻石一样的发卡。那种发卡有各种各样的，蝴蝶形的，心形的，每一种都亮晶晶的，在太阳底下闪闪发光。这总让小云想起姐姐：要是也有一只亮晶晶的蝴蝶在姐姐的辫子上飞，姐姐一定比谁都美。然而一向俭朴得连衣服都不肯多买一件的姐姐是从不买饰物的，一定不能这样讲出来。

一天，小云搂着姐姐的脖子说想要一只发卡。姐姐有点惊讶，看着小云想说什么又没说。小云还从没开口要过什么。很多小朋友都有很好看的发卡，小云心虚就这样补充。没想到后来姐姐拿给小云的是那只姐姐带了很多年，已经断了一头的发卡。看到这太熟悉的东西，小云委屈得要掉下泪来，这怎么能卡在姐姐的辫子上？

姐姐并不清楚是怎么回事，虽然小云什么也没说，但姐姐可以感觉到小云难过了。相依为命了这么久，姐姐也从没想过自己爱小云到底有多深，只是她觉得这样辛苦活着就只为小云。如果小云难过，姐姐是如何也不会安下心来。这是小云唯一一次开口要东西，姐姐下决心一定要给小云买一只漂亮的发卡，比小云所有小伙伴的都漂亮。可是姐姐每个月的工资都早早排上计划，现在又到了月底，怎么办呢？

姐姐一晚没睡好，早上起来还想着小云的发卡，心中着急，辫子总也梳不好。看着镜子里又黑又长的头发，姐姐一下想起了什么。

姐姐走了几家大商场挑了一只最漂亮的发卡，一只展翅欲飞的蝴蝶，淡淡的蓝点点，镶着亮晶晶的水钻，戴在小云头上最合适。姐姐仿佛看到小云笑起来弯弯的眼睛，像新月。

当小云拿到这只发卡时，先怔了一下，又欢叫着跳起来撞到姐姐怀里，搂住姐姐的脖子。突然，小云抬起头，手在姐姐

感悟
ganwu

小云终于长大了，她的蝴蝶也该飞了。可是无论蝴蝶飞到哪儿，它始终会回来，因为这份姐妹情是无法抹杀的。

颈后摸了摸，小云不知道姐姐去卖了辫子。她哭起来，很伤心地哭了。姐姐慌了，问她，她哭得更厉害。过了很久，小云哭累了，才断断续续说了几个字："姐姐的辫子。"这一来姐姐也有点心酸，辫子原是姐姐非常喜欢的，但换了小云的发卡姐姐也不觉很难过，没想到小云会这样在意。姐姐安慰小云说头发太长了，不好打理，以后会长出来的。

以后小云没有用那只发卡，把它包得严严实实地放在百宝盒里，她不知道发卡是姐姐的辫子换来的，姐姐也不知道小云要发卡是为什么。再过些时候姐姐好像忘了这件事，只是小云常常问姐姐什么时候再把头发留起来。可惜姐姐好像并无所谓，不留长发也省去了梳辫子的时间。小云很难过，姐姐的头发一直没长起来。

不知又过了多久，一年还是两年，小云突然发现姐姐的手在拢头发——姐姐的头发竟长了起来——镜子里的姐姐在偷偷地笑，姐姐笑起来真好看。发现小云在看她，姐姐脸红了。

姐姐的头发真的就长了起来。虽然小云一直盼着姐姐头发长起来，可现在看到姐姐的头发长了，心里竟怪怪的，不知为什么。然而姐姐确实比以前更美了，一天比一天美。

一个下午，小云放学回来，发现卧室里有说话声。隔着虚掩的门缝，小云看见一个高个子男生站在姐姐身后，姐姐坐在镜子前。那男生给姐姐的辫子卡上了一个漂亮的鹅黄色心形发卡。吃晚饭时小云看清了高个子男生，鼻子高高的，眼睛大大的，姐姐一直抿着嘴笑，这天的姐姐好像出奇的美丽。

晚上小云躺在姐姐臂弯里，好像早早睡了。夜深的时候小云悄悄哭了，头紧紧扎到姐姐怀里，她觉得姐姐就要不是她的了。泪水像小虫子一样爬湿了姐姐的前胸，也像小虫子一样爬湿了姐姐的心。

第二天早晨，姐姐辫子上的发卡不见了，日子又像往常一样安宁。那个高个子高鼻子的男生再也没来过，只是有时

小云等姐姐夜班回来透过窗子远望，可以看到他在姐姐身后不远处，姐姐却也不回头看他。姐姐回来把窗帘放下，他就走了。

小云要去北方那个古老的城市读大学了。那是姐姐曾经神往过的地方，但姐姐没有去。

姐姐一直在打理小云的行李，一件又一件。打好的一个提袋，忽然想起什么姐姐又重新打开，就算只为了加一轴针线进去。

小云要去同学们开的送别会，姐姐在灯下替小云缝睡衣。睡衣是新买的，但姐姐仍然坚持要再牵一圈线，说这样小云不易穿坏，否则坏了都得一个人自己弄。小云坐在姐姐身边静静地看着姐姐不愿走，姐姐就笑着拍拍小云的头，"乖，快去吧，姐姐知道你想什么。"姐姐笑起来还是很好看，可小云也看到姐姐眼角细细的皱纹了。怕再坐在姐姐身边会忍不住眼泪，小云去送别会了。今年小云18岁，姐姐18岁的时候小云8岁。

送别会开到很晚，最后大家唱起了那首流传了很久的李叔同的词："长亭外，古道边，芳草碧连天……"小云要走了，姐姐不可能是小云一生唯一的所有，就像小云不会是姐姐一生唯一的所有一样。小云的眼泪由断珠变成小河，越流越凶，像只小猫一样呜呜地哭出声来。

小云坐上北去的列车走远了，她留给姐姐的那个高鼻子高个子男生一个厚厚的信封。他打开，是十几页信纸和一只漂亮的水钻发卡，虽然很久了，那上面的水钻依然闪亮。不久，他和姐姐利用婚假去古城探望了小云，姐姐美丽的辫子上卡的正是那只蝴蝶发卡；而曾在姐姐辫子上飞过一晚的鹅黄色发卡放在了小云宿舍床头的百宝盒里，这将是小云珍藏一生的东西。

·哥哥的心愿·

圣诞节时，吉姆的哥哥送他一辆新车。圣诞节当天，吉姆离开办公室时，一个男孩绕着那辆闪闪发亮的新车，十分赞叹地问："先生，这是你的车?"

吉姆点点头："这是我哥哥送给我的圣诞节礼物。"

男孩满脸惊讶，支支吾吾地说："你是说这是你哥哥送的礼物，没花你半毛钱? 我也好希望能……"

当然吉姆以为他是希望能有个送他车子的哥哥，但那男孩所谈的却让吉姆十分震撼。

"我希望自己能成为送车给弟弟的哥哥。"男孩继续说。

吉姆惊愕地看着那男孩，冲口而出地邀请他："你要不要坐我的车去兜风?"

男孩兴高采烈地坐上车，绕了一小段路之后，那孩子眼中充满兴奋地说："先生，你能不能把车子开到我家门前?"

吉姆微笑，他心想那男孩必定是要向邻居炫耀，让大家知道他坐了一部大车子回家。

没想到吉姆这次又猜错了。"你能不能把车子停在那两个阶梯前?"男孩要求。

男孩跑上了阶梯，过了一会儿吉姆听到他回来的声音，但动作似乎有些缓慢。原来他带着跛脚的弟弟出来，将他安置在台阶上，紧紧地抱着他，指着那辆新车。

只听那男孩告诉弟弟："你看，这就是我刚才在楼上告诉你的那辆新车。这是吉姆他哥哥送给他的哦! 将来我也会送给你一辆像这样的车，到那时候你便能去看看那些挂在窗口的圣诞节漂亮饰品了。"

吉姆走下车子，将跛脚男孩抱到车子的前座。满眼闪亮的大男孩也爬上车子，坐在弟弟的旁边。就这样他们三人开始了

感悟
gǎnwù

如果没有给兄弟姐妹买过礼物，那就赶快试试吧。买贵重的礼物不是最重要的，我们拥有的是手足深情。

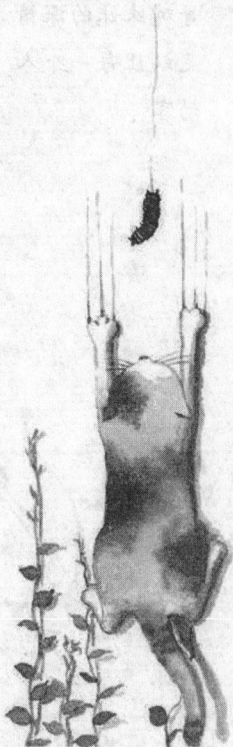

81

一次令人难忘的假日兜风。

那一次的圣诞夜中，吉姆真正体会到什么是兄弟深情。

·兄妹亲情·

他们到来的时候，是母亲走的时候。母亲走的时候什么都没有留下，如果非得说留下了，只留给了他们一条通往坎坷的路。

他们一个是哥哥，一个是妹妹，也可以说一个是姐姐，一个是弟弟，因为他们是双胞胎，母亲没有给他们区分谁大谁小，母亲也想给他们区分，但已经没有了区分的能力。母亲是在上厕所的时候生下他们的，生下他们以后，母亲就昏倒在茅房里，一觉睡过了头，再没有醒来。

他们的命真大，在那样恶劣的环境中没有逝去。父亲是在听到母亲的一声厉喊后抵达的，当父亲拄着双拐赶到的时候，他们的母亲已经离开了。他们连母亲的奶也没有尝上一口，根本不知道奶是什么东西。

他们的父亲是一个地地道道的农民，应该说比农民还农民。他们不知道父亲的腿是什么时候断的，从他们一出生，父亲就一直拄着双拐。尽管父亲只有一条腿，但还是养活了他们。

他们还是长大了，是背着一个傻子的名字长大的。在他们长到 20 岁的时候，他们的父亲就永远地躺在了床上。

他们尽管傻，但还是顽强地活了下来。乡亲们可怜着他们，也照顾着他们，东家送饭、西家送菜的，兄妹二人就这样依靠乡亲们的接济活了下来。

他们一年四季只穿一身衣服，妹妹的衣服是从死了的母亲身上扒下来的，哥哥的衣服是用麻袋片子织成的，还是自己织的。

感悟 ganwu

亲情跟智商没有关系，虽然兄妹俩没有正常人的智商，但哥哥对妹妹的深情足以让每一个人动容。

"今天晚上放电影"，成了哥哥的名言；"一、一二一、一二三四五六七"，成为妹妹的口头禅。他们每天都会对别人说这些话，没有第二句。妹妹是在43岁的时候不再说这句话的，那时，妹妹突然得了怪病死了。死的时候，哥哥把家里的那扇破门给拆了，铺上了麦秸，把妹妹放了上去，然后在妹妹的身上盖上了那一直陪伴他们的被子，就跪在一边，看着妹妹，看了三天三夜，眼都没有合一下。

哥哥不相信妹妹已经去世了，他仍旧像妹妹还在时一样，每天说着"今天晚上放电影"，那声音在寂静的田野里传得好远，好远……

· 可爱的妹妹 ·

一天深夜，我在家看电视。突然，电话响，传来了小妹的哭泣声。我急忙安慰她，让她有话慢慢说。原来，妹妹与妹夫吵架后伤心地哭了，天涯海角，无亲人在旁劝说，她心中的苦闷无处发泄，这个时候是最需要亲人安慰的。她想到我，打电话倾诉。我做个中间人，使出浑身解数，好不容易才平息了一场风波。

我的兄弟有五个，可妹妹却只有一个。小时候妹妹总像跟屁虫一样跟着我，那时候小，不懂得兄妹亲情，总觉得妹妹跟在后面很丢面子，所以想方设法地摆脱她。妹妹找不到我就会满山遍野地喊："哥哥，哥哥——"而我则躲在小树林里偷偷地笑，直到妹妹哭了起来。虽然妹妹每次都被我弄得大哭一场，可第二天，她又会粘在我身旁了，想甩都甩不掉。

后来妹妹长成了一个年轻漂亮的姑娘，且心灵手巧，心地善良，家人都很喜欢她。我和妹妹的感情依然很好，我虽身居外地，关山阻隔，却隔不断我们的兄妹情，常与

她保持联系。彼此比较了解，比如性情、爱好等。正是有这个远方小妹的关心，使我的生活充实，因此有了精神支柱。

妹妹是幸运的。花样年华，有贵人赏识，媒人踏破门槛，红娘穿针引线，有情人终成眷属，嫁给了一位会做生意的如意郎君。妹夫在农村里是个能人，且常年在外闯世界，走南闯北，学会了不少经商知识和人生经验。妹妹到他家后，恩爱有加，勤俭持家，育有一双儿女，一家人和和美美，甜甜蜜蜜地过上了好日子，而且还开了一家公司，生意红红火火。妹夫致富不忘亲人，先后把我三个小弟都培养成生意人，使小弟们脱贫致富奔小康的步伐加快，拥有一方自己的天空。功劳簿上永远记上了他俩的名字。

妹妹，由于她对家乡感情太深，眷恋故土。妹夫千辛万苦挣的血汗钱欲投到城市里扎根，城里谋生容易，这个好主意却被妹妹否决了。我的工作按部就班，外出机会少，守住一个小小门诊部，平平淡淡才是真，且心平如镜，过着平稳的日子。可妹妹不同，她的生活是动态的，生意场上变幻莫测，紧张刺激，比较辛苦。在百忙中，妹妹粗中有细，惦记着我这个小家。一个电话，一袋鱼干，甚至一张汇款单，飞到了我家。当哥哥的收妹妹厚礼，甚是过意不去，多次劝她不要寄钱物来，将来怎么还情，我承受不起啊。她理解我的心情，总是安慰说："你们那点工资，生活紧巴巴的，日子艰难。献上一点薄礼，不足挂齿。今后有什么困难的话，尽管告之，我会帮你的。"朴实真挚的语言，道出了妹妹的心声。我感动得泪流满面。我的好妹妹，你在他乡还好吗？要知道，在遥远的南方，有一位亲人在密切地关注着你的一切，在默默地祈祷着你能生意兴隆通四海，财源茂盛达三江，并且万事如意，那就是我。我庆幸，有个好的妹妹，今生足矣。

感悟
ganwu

亲情不一定要那么轰轰烈烈，一个电话，一张汇款单，平平淡淡才是真实的情感。

我和哥哥

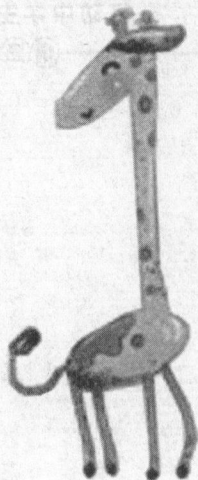

听大人说，哥哥自小就是个胆子小、不爱说话、脾气倔强的男孩子。一旦被谁惹恼了，在地上打滚，从这家灶前滚到那家灶前，任你怎么哄，他也不会起来，直到他主动爬起来才罢休。家里来了陌生人，他就会焦急地拽着奶奶的围裙，问她今天该躲在哪里？有时候他甚至会钻到桌子底下去，直到客人走了他才肯出来。

哥哥大我4岁，我尚在蹒跚学步时，他已入了学，我们之间就这样天然地拉开了距离。他总喜欢自个玩，比如玩弹弓、捉蜻蜓、钓鱼，特别讨厌我跟在后面。尤其是要去亲戚家串门时，我去他就不会去。找不到玩伴的我很执拗，总是死皮赖脸地跟在他后面，渐渐地他倒也不十分厌烦我了，有时还主动要我做他的帮手。不久，父母把我送进了村小学。说是小学，只有一个中年教师，是本村人。只有一间校舍，却有三个年级。对于上学我是一无所知，只是之前每天看着哥哥背着书包出门时，心里就特别想和他一块去。有天突发奇想要和哥哥一块去上学，还偷偷地挎上母亲头天缝制的花布包，但哥哥不肯等我，我被落下了，便边走边哭。到了正式上学的时候，由于才六岁，只能做了"旁听生"，坐在哥哥的课桌边上。下课时我沉浸于在操场上叠纸飞机，结果上课的哨子吹响了也不知道进教室，无奈又是哥哥跑出来把我带进去。

放学后，他做饭我烧火。星期天，他上山拾柴火，我也背着小篓子跟着去。春天雨后阴沟里涨了水，我们就一起叠纸船，投入水中，看着它顺流而下，我竟欢喜地手舞足蹈起来。几天后，水落了，投下去的纸船在原地打转，再也漂不走了。捞上来时，那种被水浸湿后的清凉至今似

感悟
gǎnwù

从小到大有一个一起上学、一起烧火做饭、一起玩耍的玩伴，何其幸运！倘若没有哥哥或妹妹，他们的人生会是另外的样子。如果你有兄弟姐妹，那就好好珍惜吧。

乎还残留在指间。夏天的傍晚，我们总是把两个大澡盆并排放在一起，边看动画片边洗澡，但也不会很安分，经常相互泼水嬉戏，把堂屋弄得很潮湿。好在是夏天，一会儿就干了，大人发现不了。晚上父母看电视剧，我们就搬两块木板放在院子里乘凉，躺下数着天上的星星，不知不觉就酣然入睡了。秋天是上山打板栗的好时节，但哥哥总不让我去，说是被刺扎疼了哭鼻子他可不管，我只能悻悻地看着他们一伙男孩子向山里进发。冬天下雪时，我们也不管大人是否允许，便穿上他们的长筒靴，拿着铁锹去外面滚雪球、堆雪人。从山坡上往下滚，雪球越来越大，然后推入河里。雪人呢，是堆得足够大才罢休，然后偷摸进厨房取几块木炭粘上五官，让雪人鲜活起来。

就这样我们度过了我们快乐的童年。后来我们都考入了大学。哥哥读大学时的成绩依然很优秀，考上了注册会计师。他本有能力考研的，但多半因为我，加之家里沉重的债务，他放弃了。作为兄长，他不断地为我的大学生活提供良好的建议。譬如问我喜欢什么乐器，他帮我买，鼓励我发展自己的兴趣爱好，叫我做一个积极向上的阳光女孩，笑着生活。哥哥不仅给了我物质上的支持，更给予我精神上的慰藉。

一眨眼我们都是成年人了，各自走着不同的人生路，追求着适合自己的生活方式。真得感谢上苍赐予我如此美好的兄妹情缘。倘若没有哥哥，等待我的将是另一种人生。也许我会如同其他姐妹们一样只能呆在乡村里过着平静的生活，安逸而没有情趣。如果有来世，我还要和他做兄妹。

绿叶对根的深情

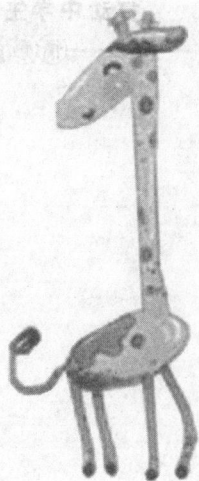

父亲生日那天，平日里四处奔波的姊妹四人像夜鸟归巢般地聚集在了一起。

我那已近知天命的大哥，看上去苍老了许多。两鬓间依稀生出了华发，却依然是一身的儒雅，骨子里透出一股书生意气。他端坐在老父的身边，缓缓地和父亲聊着他们的话题——豫剧。

大哥是一个豫剧迷，他最大的爱好就是豫剧。在我很小的时候，大哥常常带我去看戏。一出名剧《朝阳沟》大哥能看上好多遍，而每一遍都能使他如痴如醉。我就枕着《朝阳沟》的旋律伏在大哥的怀中睡觉。散场了，大哥摇醒我，将我背在背上回家。一路上，我会嗅着大哥那脖颈上热热的气息，听着他那一眼一板的调儿迷迷糊糊地伏在大哥的肩上颠簸。那是多么温暖而惬意的回家之路啊！至今仍深深地镶嵌在我的脑海里。

大约我 10 岁吧，那年夏天，雷雨连绵，山洪暴发。母亲因病住进了医院，父亲和二姐在医院里陪护。夜里我和小弟蜷缩在茅屋里昏昏沉沉地睡去。不曾想半夜的时候，我们的床上床下竟然雨脚如麻。雨点淋醒了我，我慌忙起身寻找脸盆，可接着了这边又淋湿了那边。无奈，我叫醒了小弟。我们两个将屋子里的盆盆罐罐都拿出来放在了床上，但仍然是床头屋漏无干处。正当我们万般无奈，叫天天不应唤地地无声的时刻，大哥蓦然间像从另一个星球上冒出来似的从轰隆的雷声中快步走来。他怕我们姐弟俩害怕，怕我们无奈于到处漏雨的草屋，竟然冒着瓢泼的雷雨从学校赶回了家。我和弟弟顿时高兴得欢呼了起来。大哥进了屋子，那裤筒里的雨水就汩汩地往地上流，他却毫不在意。只见大哥将我们唯一的小床搬到屋子里唯一不漏雨的中央，让我和弟弟舒服地躺在床上睡觉了。第二天早

感悟
gǎnwù

对于弟弟妹妹来说，哥哥就是参天大树。有了哥哥的庇护，弟弟妹妹可以安心地休憩，快乐地成长。哥哥就是弟妹的根，催生出一片片绿叶。

上，我从酣睡中醒来，见大哥却斜倚在那张唯一的椅子上睡着了。

后来我和弟弟去外地上了学，哥哥则参加了工作，虽然工资不高，可他总会用微薄的薪水给他的弟弟妹妹买些好吃的好玩的。只要有空，他就会带大包小包的东西来看我们。那时候我们最快乐的日子就是看到哥哥。

记得弟弟第一次领女朋友回家时，看到家里掉了多少年的玻璃安上了，屋子里也收拾得一尘不染。等弟弟的女朋友走了以后，我问母亲，咋把家收拾得这么干净啊？母亲老了，笑起来脸上像一朵菊花，说这是你哥哥提早回来收拾的，你看到他手上的口子没？是安玻璃时划的。

我拉着哥哥的手仔细地看，我看到那双手像老树根一样，上面的手纹纵横交错。我拉着这手，就是这双手撑起我们兄妹的一片天空啊。这双手会是我们不老的传说。

最真不过手足情

妹妹小我两岁。她生来体弱，生下来的时候，像只小猫，太爷爷叫她黄毛桃，意思是瘦得跟干瘪的小毛桃一样。这是从大人们的嘴里听来的。我根本不记得她出生时的模样。也许是两岁的差距不够大吧，我关于妹妹的记忆，是从她会走路开始的。好像妹妹生下来就可以跟在我屁股后面跑了似的。

小的时候印象最深的就是我和妹妹争粥喝。北方的冬天，最惬意的事就是熬粥喝。妈妈拿一大一小两个小铁罐，里边放一点点水和米，埋在火盆里给我们熬大米粥。我和妹妹就守着炭火盆，看着那铁罐里慢慢地冒着泡泡，眼巴巴地守候着我们的幸福时刻。记忆中，铁罐罐就着炭火盆熬的大米粥是那么香甜。粥熟的时候，爸爸把罐罐从灰里扒出来，端给我们。妹妹总是不失时机地讨好我："姐姐，你要大的，我要小的。"我毫

不客气地拿过大的——那时，我觉得我拿大的是天经地义的，就像我比她大了两岁一样不容置疑。

我吃东西是狼吞虎咽的，妹妹则是慢慢悠悠的，有时还抱着小罐罐自言自语："我舍不得吃呢……"等我吃完了自己的，看到妹妹还没吃多少，就会掉过头来，像鬼子进村一样野蛮地抢她的余粮。妹妹的抵抗通常是无效的，所以她养成了不战自退的习惯。我抢，她就给我，还说："姐姐，你慢吃……"现在想起来，我这做姐姐的真是无耻。

妹妹是唯一一个永远忠贞不渝地跟着我玩的。一直到后来读小学，读中学，妹妹都跟我在同一所学校。我们一起上学一起放学，她总是下课了来门口等我回家，并且把这当成一种很快乐的事。妹妹就像我的影子，我走到哪里，她就跟到哪里。如果我是树，她就是藤，我往哪个方向伸，她就往哪里长。直到后来我离开家到外地读书，一个人寂寥的时候，才明白：是她，让我的童年不孤独。

妹妹总是把我当成崇拜的偶像。因为我长着聪明的脑袋。每次学校开大会，我都是站在领奖台上的那个。妹妹的学习却好像总是不得要领。后来高考的时候，她干脆放弃考学了。在大姐的诊所工作了半年之后，又去舅舅朋友的医院干了半年。后来她自己也觉得这样实在不是办法，决定重新读书。她去读了一个当地的卫校临床专业。在医院实习的时候，护士长很赏识这个细心体贴、操作熟练的小姑娘，便把她留下了。妹妹终于成了一个白衣天使，这是她的梦想。

如今妹妹就要结婚了。我们姐妹之间永远不能忘记的那份情意依然在流淌，相信这份情会永远延续下去。

·兄　弟·

　　春旺和福生是兄弟，春旺是哥，福生是弟。

　　春旺不大喜欢福生，因为他一直觉得爹娘偏心，对福生好。小时候村里家家都不宽裕，偶尔有了好吃的，爹娘总是由着福生吃，还反复对春旺说："你是哥，多让着弟弟。"春旺20岁的时候，爹娘叫他把福生带去打工，春旺心里不情愿，可拗不过爹娘，还是把福生带了出来。不过，春旺告诉福生，自己所在的城东工地不要人了，把福生介绍到了城西工地，那个工地有他们村里的大牛。春旺让福生有事找大牛，别往自己的工地跑。大半年了，兄弟俩就见了两次面，每次见面福生总告诉春旺，他在公司很好，让春旺不要担心。

　　中秋节到了，春旺的工地活儿多，没有放假，但发了月饼，一共四个，四个品种。春旺拿起一个最贵的肉馅儿月饼，喜滋滋的。他闻了闻，口水差点儿流出来。他忍不住三口就吃掉了这个月饼。因为吃得快，他没吃出月饼的滋味，只是觉得特别好吃。春旺想，自己是哥，过节还是该去看看福生。

　　吃过晚饭，春旺就出了工棚。春旺想，自己不能空手去见福生，得带月饼，带一个就行。春旺挑了一个最便宜的椒盐月饼，然后往城西走去。

　　半路上，春旺遇到了福生。春旺问："你去哪里?"福生说："哥，我正准备去你那儿，在这里遇到你真是太好了!"福生从口袋里掏出一个月饼说："哥，这是我们公司发的月饼，给你一个尝尝!"春旺一看，正是刚吃过的那种很好吃的肉馅儿月饼，他说："福生啊，哥也发了月饼，也给你带了一个!"说着从口袋里掏出那个椒盐月饼，一把塞给了福生。福生捏着春旺给他的月饼，脸上露出了幸福的笑容。

　　春旺和福生在街旁找了个地方坐下来。春旺抬起头看看天

上的月亮，福生也抬起头看看天上的月亮。春旺说："爹娘也在看月亮吧？"福生说："肯定在看！他们肯定很想我们！"春旺说："吃月饼吧。"福生说："好，吃月饼吧。"春旺随口问："好吃吗？"福生说："好吃。"福生也问："哥，好吃吗？"春旺说："好吃，真好吃！"春旺这回可吃出味儿了，他吃得很香。他看到福生像自己一样，也吃得很香，不免尴尬地笑了一下。春旺等福生吃完月饼就说："回去吧，太累了，明天还得干活。"福生点头说："回吧，明天还得干活呢！"

三天后，大牛来找春旺，说要跟他借点钱，给他上大学的儿子买电脑。尽管春旺不情愿，可是自己才发了工资，况且大牛是村里人，不借说不过去，只得把工资借给了大牛。大牛接过钱，兴奋地说："太谢谢了！我知道你们哥俩都是好人！前几天中秋，公司什么都没发，福生去超市花 10 块钱买了两个肉馅儿的月饼，非要送我一个。"春旺听得愣住了。

送走大牛，春旺走到一边，捂着脸流下了眼泪……

两天后，福生进了春旺所在的工地，住进了春旺的工棚，福生的床挨着春旺的床。睡觉时，两人头顶着头，挨得很近很近。

· 姐姐的布鞋 ·

今年过生日又收到姐姐寄来的一大堆礼物，姐姐总是这样，对我这个弟弟宠爱有加，即使我已为人父。

我们家就两个孩子，我和姐姐。我是家里最小的，什么家务活都没我的份。爸妈都是军队的干部，拿着固定的收入，支付全家的开支；奶奶在家洗衣，做饭，做家务；我上幼儿园，姐姐上小学。

那个年代讲究勤俭持家，所以姐姐穿小的衣服，只要不太花哨，都被我捡了去。记得姐姐有一双格子布鞋，就给了我。

感悟
ganwu

在我们幼小的心灵里会在意很多外在的东西，这让我们和自己的兄弟姐妹有了隔阂。但共穿过一件衣服，也是一种值得珍惜的福气。

91

因为那时的布鞋绝对男女有别，我死活不愿穿那双女式布鞋，可母亲说，你不穿，就没有了。没办法，那天我穿着那双布鞋上学去了，我尽量把裤腿拉下来遮住鞋子，不让同学们发现，可还是被他们发现了。于是我穿女式布鞋的事传遍了全校，大家都争相来观看，羞得我低着头，不敢出教室门。最后还是班主任平息了这场风波。好不容易熬到放学，我发疯似的跑回家，赶紧脱下它，丢在床下，以后再也没穿过它。由此我和姐姐结下了冤结，把什么事都归结到她身上。

从此之后，我和姐姐之间有了冲突，我总想着为什么妈妈没给我生个哥哥，或者为什么我不是老大。我幼稚地把这一切归咎于姐姐。伴随着童年的磕磕碰碰，我一天天长大，终于高中毕业，被父母安排去了北方读书。也许在别的孩子眼里，离家这么远，是件痛苦的事。可对于我来说，这是我一辈子最幸福的事。

临走前我还是不肯原谅姐姐。姐姐说要送我去学校，我死活不肯，姐姐便没坚持。那天父母给我带了大包小包的东西送我出门。姐姐并没有跟出去，而是在门口看着我们的背影发呆。我的心里也有些过意不去，我不应该因为童年的事记恨姐姐，只是此时有再多的话我也说不出口。走到半路爸爸忽然想起火车票没拿，于是我就一溜烟地跑回去拿。当我打开家门，一下愣住了。我看到姐姐正呆呆地看着我上学时背的那个旧书包，眼圈红红的。我走过去，姐姐一下拉住我的手问："弟弟你会想我吗？"我使劲地点头。

后来我和姐姐的关系越来越好。每次回家，她都不辞辛苦跑到车站接我，只要有机会她就会带着我最爱吃的东西来看我。毕业后我很快找到一份满意的工作。参加工作第一年，姐姐过生日，我用我的工资给姐姐选购了个紫色的提包，送给姐姐。姐姐至今还拎着它上班。

现在我们两姐弟在不同的城市工作，虽然不常见面，但只要有时间就会凑在一起。毕竟我们是骨血相连的手足，不管曾经有过什么不快，我们都会永远珍惜这份亲情的。

特殊的兄弟

70 年前，发生了一件怪事，美国飞行员查理·布朗少尉驾驶"老酒馆"号 B—17F 轰炸机对德国不莱梅的一个兵工厂进行轰炸。轰炸任务成功完成，但安全返航比登天还难。很快，又有一架德国战机径直朝他飞过来。两架飞机距离非常近，他甚至能看到对方的眼睛。但令布朗没有想到的是，这架德国战机并没有朝他们开火，飞行员一直向他打手势，接着，还一路护送他们的轰炸机在北海上空飞行，飞行了 32 公里后，看着它在诺福克的机场安全降落，才飞走。

这件事一直困扰着布朗：德国飞行员为何违抗上级命令，放过这架严重受损的美国轰炸机？

40 多年后，布朗开始寻找这位救了他一命的德国飞行员，以解开心中的谜团。然而，他甚至不知道这名飞行员是否还活着。在一份专门面向战斗机飞行员的报纸上，布朗登了一则寻人启事，上面写着"寻找曾在 1943 年 12 月 20 日救了我一命的人"。

布朗的救命恩人叫弗朗茨·施蒂格勒，战后他移居到了加拿大温哥华。他看到了布朗的寻人启事。就这样，两个几十年来从未谋面的"敌人"走到了一起，真相最终浮出水面。

见面时，施蒂格勒讲述了他不向"老酒馆"号开火的原因。他说："随着距离的靠近，我看到满身是血的炮手，看到了机身上遍体的伤痕和机舱内陷入恐惧的美国伤兵，知道这架敌机已经失去了与我交手的能力。"

当时，26 岁的施蒂格勒已经是纳粹的王牌飞行员，曾击落过 22 架盟军战机，如果再击落一架，便可获得骑士十字勋

兄弟，不一定非是一奶同胞，不一定要相守不离，有时候，只是一面之缘，只是一件事情，便注定他们是一辈子的"铁"兄弟。

章。但就在这个时候，施蒂格勒想起了教官古斯塔夫·洛德尔上尉在他第一次执行任务前对他说的一番话——"荣誉高于一切。如果我看到或者听说你朝着一个跳伞的人开火，我就亲手毙了你。遵守战争的规则是为了你自己，而不是为了你的敌人。这种遵守能够保持你的人性。"

最终，人性的力量战胜了对胜利的渴望。施蒂格勒回忆说："在我看来，击落一架严重受损的飞机与朝跳伞的人射击没什么两样，我不能那么做。但我内心也有一份担忧，担心如此靠近敌人，但又没有开火的举动被同伴发现，最后会因叛国罪遭到指控。如果遭到指控，我将遭受怎样的命运可想而知。这时，我发现一个地面的德国炮塔在视线中出现，必须马上做出决定了。此时，'老酒馆'号上满身是血的炮手也已经对准了我，准备我一开炮，就作垂死一搏。做出决定之后，我拼命朝着布朗打手势，示意他跟着我飞离德国领空。"

2008年，两位"二战"老兵相继去世，前后相隔不到6个月。施蒂格勒终年92岁，布朗终年87岁。在他们的讣告中，他们彼此将对方称为"特殊的兄弟"。

姐姐你在哪儿

姐姐在一场车祸中离开了我，离开了这个世界，我连姐姐的最后一面也没有见到！姐姐就是我的梦，随着一场车祸的到来，姐姐永远地离开了这个世界，我的梦也随之破碎了。

小时候的我是在山里长大的。由于家里穷，姐姐总是领着我进山拾柴，作为来年烧火用。那时候我们背着背篓，于晨光熹微中，迎着凉凉的风，踏着满是青草的山路，几十人一道，兴高采烈地、浩浩荡荡地开进山。我好像一只欢腾的麻雀跟在姐姐的身旁，唧唧喳喳地嚷闹个不停。

渐渐地，我累了，便躺在冰凉的石板上进入了甜甜的梦

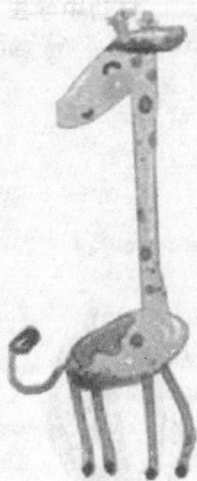

乡，我看见树上一只跳跃的松鼠，幻化成小姑娘的模样，笑嘻嘻地来到我身边，陪我玩耍，她清脆的嗓音，妙曼的舞姿，让我着魔，她牵着我的手，在山林转悠，她还带我去她居住的家，在那里，她热情好客，一张桌上摆满了好吃的果实和甜点，好些都是我未见过的，我的那个馋样，风卷残云的吃相，让她咯咯地笑。

梦总是容易醒的，在我睁开眼睛时，我感到周遭异常宁静，没有半点声响，那些人也不知道去了哪里。我发现那些深魆魆的树，奇形的石头都狰狞着嘴脸，那些小虫也虎视眈眈地与我对视，我脚下休憩之地也是一座坟墓，我听见里面翻动的声响，听见牙齿在咀嚼。我吓得全身发颤，周遭是一望无际的山林，猎猎的风，密匝匝的树叶，我不由自主地大声高喊："姐姐——姐姐——"满山谷都回荡着我的声音，我听不见一点回应，他们都不在。我跌跌撞撞，磕磕碰碰，连滚带爬地前行，只希望能看见一个人，直到实在不能移动半分。我就那么坐在草地上，露出绝望的神色。

姐姐的声音传来了，就在我的附近响起，我没有回应，我听见姐姐的声音那么沙哑，带着几分哽咽。姐姐看见我的时候，眼泪就流了出来，抱着我的头，像是在询问，又是在自语，不是叫你就在原地吗？怎么就走了呢？你知道这山里也有豺狼虎豹的，你知道这山是连绵不断的，你要走丢了，我怎么向父母交代，怎么对得起王氏宗族。我知道姐姐最想表达而未吐露的一句话就是我怎么离得开你呢？我的冤家！我只你一个亲弟弟呀！

在我高二时，姐姐嫁人了。姐姐出嫁后并没有远离我，我所读的学校正是姐夫持鞭的地方，我依然和我的姐姐在一起。高三时，我比以前更忙，也更容易烦躁，我每次回到姐姐家中，就要吃饭，一会儿也等不了。有时回家看见家里灯熄火尽，我就咆哮一样地对她吼，怎么这样呀，我的时间紧呢！争

分夺秒呢！我说得泪水涟涟，我说得绘声绘色，我也说得慷慨激昂，姐姐不是默然地做饭，就是给我钱让我去馆子里吃，有时也委屈地对我嚷，你穷吼什么，我又不是你的父母，你要吃自己找他们要去，我难道就不能有点事来耽搁，姐姐和我的声音都很响，惊动了整幢楼的人。

我愤愤地说，你是我姐呀，我不找你找谁，我不向你要向谁要。我接过钱，怒气冲冲地下楼，咚咚的足音中，我仿佛听到姐姐的叹息，听到姐姐在低语，有谴责，也有埋怨。姐姐很注意我的营养，每天早晚让我喝中学生营养口服液，让我带着开水冲的豆奶解渴，不时变换着菜。我后来看见她怀孕的时间里，也没这样金贵过自己的胃。在姐姐的细致调养下，我精神焕发，学习兴致高涨，成绩稳步提高，最终考取了我向往已久的大学。

转眼我毕业了，姐姐又开始操心我的工作，在我毕业和工作这段时间里，她比以往任何时候更忙碌，我却成了局外人，看她怎样地东奔西走，打听分配的最新动向；看她怎样地请客送礼，笑脸迎送那些大腹便便的派头人物。她把那些响当当的名字一个个罗列在心中，逐个地拜访。在那四季最炎热的天气里，我常看见她拖着疲惫的身子回家。

而今我终于有了稳定的工作，娶了贤惠的媳妇，可是姐姐却永远地离我而去了，她一天福也没享过啊。多少次，我在午夜中梦回，我又看到了姐姐美丽的脸庞，醒来时泪水早已打湿了枕头。我知道姐姐永远也回不来了。

亲爱的姐姐，你究竟在哪儿呢？我真的很想见你。

患难姐弟

    弟弟并不是我的亲弟弟，他是舅舅家的孩子，或许是残酷的命运将我们两个不幸的孩子紧紧联系到了一起，让我们的关系胜似亲姐弟。

    我和弟弟从小就是不幸的孩子，听家里的老人说，我的爸爸是酒鬼，经常喝完酒后打我和妈妈，我们的日子很不好过。在我三岁时，爸爸因为酒后和别人打架被劳动教养两年，我和妈妈搬到了农村的外婆家里，一住就是三年，直到爸爸回来。

    弟弟家的生活也不好，我舅母在弟弟刚出生的时候就难产死了。在外婆家的时候，我和妈妈过得也是很艰辛，但是那几年我是快乐的。随着一天天地长大，我慢慢开始懂事，总是帮着大人们做一些力所能及的事情，而做得最多的就是看管弟弟。也许就是从那个时候起，我和弟弟建立了深厚的情谊。三年很快就过去了，爸爸的刑期结束了，我和妈妈又回到了自己的家里。可是爸爸没有吸取这次的教训，回来以后并没有改掉酗酒的毛病，反而变本加厉，喝得更凶了，打我和妈妈的时候也更多了。我和妈妈总被爸爸打出家门，外婆家成了我们的避难所。

    在爸爸回来后的第二年，也就是弟弟5岁的时候，舅舅在一次车祸中离开了人世。就这样弟弟成了孤儿，由年迈的外公外婆照顾。每次我和妈妈到外婆家的时候，弟弟都会一直陪伴着我，我们在草地上奔跑、玩耍、骑山羊，到河里捉鱼……每次我们分开的时候都会大哭一场，紧紧地抱在一起，几乎是大人硬拽着分开的。

    日子一天天地过去，我也变成了大姑娘，爸爸对我们母女有所收敛，我也就少了很多和弟弟见面的机会，但是外婆家有事我们还是会马上过去，那时候我总是在外婆和外公家过生

    患难时的情谊是最真实的感情，共同的经历会让彼此的心贴得更紧，和常人尚且如此，更何况与自己的兄弟，这其中的亲情是任何人也替代不了的，也体会不到的，因此他们会更加懂得珍惜这份感情。

日，那样我就可以和弟弟一起玩耍了。我们都很珍惜见面的时光，或许是因为我们同病相怜，所以有很多事情我都会和弟弟说，我们之间无所不谈。当我们都长大了，也有了各自的理想，但彼此的理想里都有着对方。弟弟告诉我他要拥有一处自己的农场，让我去帮他管理，他还告诉我他将来要找一个像我这样疼他的妻子，我们一起为外公外婆养老送终。每当听到这些的时候我都很欣慰，知道弟弟的心里会永远有我这个姐姐。

我的姐姐们

我最近总是头疼得厉害，上次给大姐打电话的时候无意中提起，今天二姐就来看我了，我知道准是大姐告诉她的。二姐带着我做了一个检查，最终确定我只是太累，二姐才放心地离去了。

我是家中独子，上面有两个姐姐。父母亲好不容易得了一个儿子，视为掌上明珠，于是两位姐姐便为我吃了不少苦头。有好吃的都让着我，有苦差事全是她们的。为给家里放牛割草做家务，更为了看护我，她们二人都没念几天书，到如今大字不识几个。儿时的我留个小辫子，拴个裹肚，虽言语不多，但点子不少，玩耍起来不顾一切。稍大一点时上山坡捉知了、扑蝴蝶，下河里捉青蛙、耍蝌蚪、打水仗，和小伙伴们捉迷藏都属高手，经常是爬陡坡一身汗，下河沟遍体水。再大点后爬树又快又急，有时爬树爬腻了，就从挨地垄的树枝爬上去，还能荡秋千。上屋檐也是常有的事。我最感兴趣的事是玩打仗，冲啊杀啊的没完没了，甚至弄得头破血流也全然不顾。为这事，两位姐姐没少挨父母的打骂。

我的两位姐姐虽是一母同胞，性格却迥然不同。大姐从小勤快，说的少做的多。她从妈妈和姑姑手里学会做活，拧麻

绳、纺棉线、织粗布、纳鞋底样样都行。可能因为她是老大，也顾全大局，家里的事，地里的活，都干得又快又好，是妈妈的得力助手。二姐从小生性灵巧，干活虽不扎实，但学新东西、新技术却又快又好。十几岁时闹着要出去找工作，爸爸托人在临汾县砖瓦厂给她找了个帮灶的活儿。她虽然年纪不大，但人机灵，嘴也甜，在那里干得还不错。

我上初中时，两个姐姐先后出嫁了。大姐家光景尚可。二姐家光景虽然一般，但二姐夫在供销社工作，总有进项，不缺小钱花。上大学后，每到大姐家，她总是给我做新鞋、烤饽饽。二姐那时在供销社缝衣组上班，我每次路过，她都要为我买衣服。当我订婚以后，两位姐姐爱屋及乌，对我的未婚妻也格外关心，相处得如同亲姐妹一般。说良心话，我这个山里娃娃能上大学，当干部，我这两位大字不识几个的姐姐，也有一份功劳，一份苦劳。

姐姐就是我的一面镜子，她们以姐姐的姿态影响着我这个做弟弟的。她们经常告诫我要把自己的工作做好，就像父母生前那样地教我为人处世。这种爱，我时常把它认为是父爱母爱的延续，我看到了那浓浓亲情的细腻，那是一种很自然的流露。有时候她们给我过多的关爱让我很依赖，我爱人都说我就像一个永远也长不大的孩子。想想自己也确实是这样的。

如今我们都成家立业了，但大姐和二姐仍一如当年地关心着我，在她们眼里我永远是长不大的小弟弟。这是我一生的幸福，也是我前进的动力。

· 快乐小弟 ·

我们家之所以热闹，就是因为有个小东西，他就是比我小

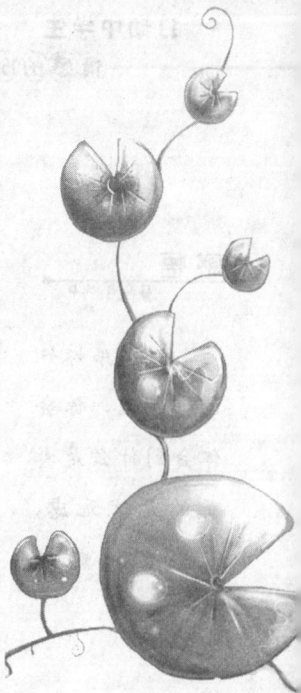

8岁的弟弟——飞飞。

在弟弟妹妹的童年里，你会体会到什么是真正的无忧无虑，让我们一起成长吧。

按中国传统观念来看，父母偏爱老小，可我们家似乎不然。记得小时候爸爸常常带我出去玩，跟我讲为什么飞机会飞，轮船不会沉，虽然我只会傻看着他讲得起劲，傻听着他那对我来说半懂不懂的解释。而现在，由于事业上的关系，父亲很少有时间跟我们交流，平时在家也只是跟我讲些政治上、经济上的事情，跟弟弟打闹几下罢了。

有次在泳池里看见其他父子在水里打水仗，嘻嘻哈哈的笑声只能让我感到弟弟缺少父爱。弟弟看着他们玩得这么开心，也只是笑笑地说："我们也玩吧。"显然，弟弟的脸上挂着一丝遗憾，因为水花里的，不是爸爸。做姐姐的能体会，所以只能凭着趣味相投来尽量给他欢乐。他从来不说要爸爸带他出去玩，他似乎意识到爸爸没有时间带他出去玩；他最听姐姐话，因为姐姐最了解他。

"姐姐，那盒巧克力好好吃啊！"他天真地说道。我因为每天回来都会听到类似的话，所以没多理睬，可是突然想起冰箱里的那盒朋友从远方带来的巧克力……"什么巧克力？""就是冰箱里那盒啊，红色的。""啊?!……你干吗吃我那盒？""冰箱里的东西是任人吃的，又没有分是谁的。我没有吃完，留了一颗给你。""一颗……你好大方啊！"心痛，人家千里迢迢地带盒巧克力给我，这小东西居然……我打开冰箱，拿出巧克力打开一看……"我骗你的！我才吃了一颗！""谁教你骗人的，小混蛋！""学你的啊！""我……我什么时候教过你?!"心想，好的不学，竟学坏的。"那我可以吃吗？"看他那副可怜巴巴的样子，"你吃都吃了，还问我干啥？嗒……记得下次要问过我哦！""好！"

"姐姐，今天星期天……"一大早弟弟就把我叫起来。"我

又没调闹钟，你闹啥？""我们去吃麦当劳好不好？""天，一大早去吃麦当劳，人家麦当劳叔叔都还没起床！""我说中午嘛。"最怕他对着我撒娇，"好好好，我要睡觉，中午再说！"没想到中午下起雨来，"飞飞，下雨哦，我们下周再去吧？我给你在家做咖喱饭好不好？""啊？我想去麦当劳……""这么大雨，妈妈不让去，爸爸没回来又没有车。"他就嘟着嘴巴坐在那儿不说话了，想想，还是带他去算了。"去换衣服吧！""嗯！"他笑着冲进房间……这天，我就跟他打着伞去了麦当劳，路上的行人都急忙往家里赶，我们却拉着手在路上有说有笑，我相信在这时候，会有不少人羡慕我们，羡慕这种姐弟情带来的欢乐。我也希望我能以姐姐的身份，给他一个美丽的童年，不让他留下一点遗憾。

姐姐对弟弟的那份亲情是任何感情都不能替代的。

长姐如母

俗话说"长兄如父"，我们家是"长姐如母"。老人都不在了，只有老姐姐成了回家的理由，成了一个漂泊着的灵魂的寄托。

在家里，姐姐是老大，我是老小，因为年龄差距甚远，所以几乎没有什么交流。上面的哥哥都叫她姐，只有我叫她姐姐。直到长大成人了，依然这么叫。在别人看来这么叫似乎有些幼稚，可对她来说，我叫她姐，她是不习惯的。每每顺着哥哥们叫她时，她总是不厌其烦地说："叫姐姐！"在她眼里，在她心里，似乎不愿我长大。而我也极会撒娇，每天早上起来我会赖着等她来给我穿衣服，不然坚决不起床，就这样一直到5岁了我还是要姐姐给我穿衣服。

记得年幼的时候，姐姐带我出门，不熟悉的人总以为我们是母子，甚至姐夫也沾光被当做"父亲"。姐姐也是常常把我揽在腰间，让我管一些本该叫叔叔阿姨的人叫哥哥姐姐。有时候我也纳闷，人家的孩子都比我大了，我为什么还叫人家哥哥姐姐。可姐姐丹凤眼一瞪，我又不得不顺着她。就这样我在姐姐的腰间长大了，不管她多么的不情愿。

姐姐传承了母亲的爱，一如我是她自己的孩子，希望我在她的眼下长大，让她的爱总能触摸到我，无论学习还是工作，都不愿我离她太远。那时候，周末去看母亲，她总是千叮咛万嘱咐，让我回去时顺路去她那里一趟，说是做了好吃的让我带走。我想那"好吃的"是不重要的，关键是她要我把她的关爱带走，生怕不去她那儿久了，她的关爱没了着落。

不论姐姐多么的不情愿我长大，我还是长大了；不论姐姐多么的不情愿我离开，我还是离开了。姐姐有一条粗黑的大辫子，出嫁，生子，多少次生活的变迁都没有剪掉她视为生命的辫子。可当我要远行时，我那本已没有了空间的行囊里，又被她塞进来一条青丝绳。那条在她腰间，我被牵着永远不怕被姐姐丢失的青丝绳，下了她的肩头，拴在了我的心头。我背着行囊越走越远，日子久了，塞进行囊的思念越来越满，行囊也越来越重。终于那行囊破了，散了，零落了一地的忧伤。姐姐，我弯腰捡那些散乱的忧伤时，你可看到了我的泪落？

姐姐，我似乎已承受不了这行囊之重了，姐姐，我想回家！姐姐，远行的我有你的青丝在手，不会忘了回家的路；有你的青丝在手，回家不会迷路；有你的青丝在手，我还会靠在你的腰间，抬头叫你——姐姐！

姐姐，你听到我回家的脚步声了吗？你听到我的敲门声了吗？姐姐，是我呀！

感悟
ganwu

是啊，长姐如母，也许每一个做姐姐的，对自己的弟弟妹妹都有母亲那般的情怀，这不是母爱，又却胜似母爱。姐姐的关爱，是那永远斩不断的情丝，是弟妹们永远的灵魂寄托。

第 4 章

洛阳亲友如相问，一片冰心在玉壶

友谊是物欲横流的时代让我们感到温暖的话题，是人情淡漠的今天让我们握手言欢的理由，是人生最重要的东西。达尔文说过："谈到名声、荣誉、快乐、财富这些东西，如果同友谊相比，它们都是尘土……"

友谊是知情，是知心。友谊也是责任，是义务。友谊会使你先朋友之忧而忧，后朋友之乐而乐。

人活着不能没有朋友。朋友是成功的催化剂，是心灵的镇静剂，是快乐的源泉之一。

然而朋友也分种类。有一种是酒肉朋友，他虽然信誓旦旦，为你两肋插刀也在所不惜，节骨眼上，却会弃你不顾，视同路人。还有一种朋友，只可共患难不可共富贵，当彼此都郁郁不得志，他需要你的关心抚慰，也同样真诚地对待你，一旦时来运转，便与你形同陌路。

真正的朋友既可共患难也能同富贵。真正的友谊，很少被本能的欲望与利害的权衡所驱使，因为它是心与心亲密地接触相撞而产生的、语言所不能表达的强烈的共鸣，它是一种摒弃了其他任何目的的纯信赖的感情。他真诚地祝福你，帮助你，舍得牺牲他的利益，乃至生命。

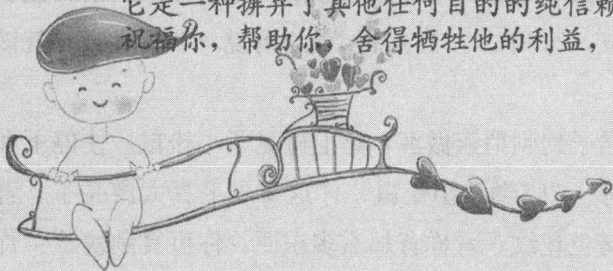

把它刻在心上

阿拉伯传说中，有两个朋友在沙漠中旅行，在旅途中他们吵架了，一个还给了另外一个一记耳光。被打的觉得受辱，一言不发，在沙子上写下："今天我的好朋友打了我一巴掌。"他们继续往前走。到了荒野，他们就决定停下。被打巴掌的那位差点淹死，幸好被朋友救起来了。被救起后，他拿了一把小剑在石头上刻了：今天我的好朋友救了我一命。一旁的朋友好奇地问道：为什么我打了你以后，你要写在沙子上，而现在要刻在石头上呢？另一个笑笑，回答说：当被一个朋友伤害时，要写在易忘的地方，风会负责抹去它；相反的如果被帮助，我们要把它刻在心灵的深处，那里任何风都不能抹灭它。

在日常生活中，就算最要好的朋友也会有摩擦，我们也许会因这些摩擦而分开。但每当夜阑人静时，我们望向星空，总会看到过去的美好回忆。不知为何，一些琐碎的回忆，却为我们寂寞的心灵带来无限的震撼！就是这感觉，令我们更明白朋友的重要！

猴子的友谊

猴子的脚被玻璃扎破了，整整一个星期它不能走动。它的邻居刺猬便用身上的刺替猴子背来了浆果、菜叶子，送来了许多干粮，直到猴子痊愈。于是猴子说："谢谢你，刺猬。让我与你交个朋友，行吗？""当然行，"刺猬说，"好的朋友就该结交。"

一天，猴子到刺猬家做客，路上碰见了小松鼠，便停下和小松鼠打招呼。"哎哟，小松鼠，你这身皮毛真太漂亮了，背上还有一道暗色花纹。看你背那么多东西，你可真勤快。""你

最近在干什么活?"松鼠问猴子,"我可不喜欢懒汉。""我会干很多活的。我家的粮食都是我自己找来的。让我与你交个朋友好吗?我和刺猬交过朋友,可我不喜欢它,多刺的家伙。""好吧,"松鼠说,"不过今天我还有许多工作,改天再谈吧。""哎,松鼠,你腮帮子怎么鼓鼓的,牙痛?""不,那是核桃。""核桃?在哪儿?""在我嘴里。""你总是含着核桃过日子吗?""怎么会呢。我得把它们去壳、晒干,然后放入我们的小仓库,预备着过冬。我得走了,以后再和你闲聊,现在我们大伙在收集核桃。"

过了一个星期,猴子到松鼠家做客,路上遇到了黄鼠,猴子便上前说:"瞧你多棒,能像个木头橛子似的直站着,我和松鼠交过朋友,可它太严肃了。还是和你交朋友好,行吗?""交朋友就交呗!"黄鼠同意了。"刚才你为什么吹口哨?""我喜欢呀。""那教教我好吗?"于是黄鼠花了很长的时间在那儿努力教猴子吹口哨,最后黄鼠挥挥手说:"你这样可不行,应该吹,可你是吱吱尖叫。""你吹得不也和我一样啊!""好吧,既然你会了就吹去吧。"黄鼠有些生气,说着便钻入了穴洞。

猴子在穴洞边坐了会儿,便起身去森林。在池塘边它看见了牧羊犬。"哎,牧羊犬,等等我!""叫我干吗?"牧羊犬问,"有什么事快些说,我忙着呢。""你在干吗?""我得去看护那群吃草的羊了。""是这样……对了,你怎么这般长毛蓬松的模样?""我生来就这样。""我真喜欢你,"猴子说,"我和刺猬交过朋友,后来又与松鼠交了朋友。现在我不想与它们交朋友了,你比它们都好看,和我做朋友好吗?"牧羊犬看了看猴子,然后生硬地说:"不,我不想与你做朋友。"说着就朝池塘的另一个方向跑走了。

"为什么牧羊犬不愿与我交朋友?"猴子感到很惊讶。

细微处的朋友情

曾经有一位患过癌症的朋友向我聊起他治病和康复的事。朋友是个豪爽的人，年轻时上山下乡，身体很是强壮。插队时，他结交了不少朋友，后来，回到了城市，再没有机会与那帮朋友喝酒聊天。很多年来，他一直想找一个机会去当年插队的地方看看，可终究因为这样那样的原因而耽搁了。

那天朋友的单位组织体检，已经50多岁的他被查出来患有癌症，不过病情相对稳定。最初的治疗日子很是难熬。经过一段时间的化疗后，他强烈地想到当年插队的地方看看。他想也许这是最后的机会了。他终于打电话把这个想法告诉那里的朋友，他们非常热情地款待了他，陪他把整个城市转遍了。可是，末了，就是没有安排他去当年插队的那个乡。朋友们找了一堆堆理由搪塞他，直到回家的时间到了，他有些失望地离开了那里。

直到两三年后，他的病情基本稳定，开始静心疗养时，一天，他和那个城市的朋友打电话说起上次的事，他们才把谜底揭开。朋友告诉他，正是知道他是为了却心愿来的，就故意没有安排他回当年插队的县城去，"如果安排你去了，不就等于替你了却凤愿了吗？不行，我们就是想让你继续有这个念想儿！"他听着听着，流泪了。

我的心里也是一热，不难想象，在他到达当年插队的城市前，他的朋友们一定曾热烈地讨论过，计划过，要如何带他去玩，可一定有哪个细心人，提出不能让他了却心愿的想法。如果他真的去了那个度过青春的村子，定然会触景伤情，会在心理上有时日不多的暗示，在病痛最严重时他也许会放弃希望和努力——朋友之情多见于细微之处。

感 悟
ganwu

真正的朋友，不会让你看到他的憔悴；真正的朋友，会时刻在你身边不觉得累；真正的朋友，不会在乎你胡侃猛吹；真正的朋友，会永远为你不后退……

羊的朋友们

傍晚，一只羊独自在山坡上玩。突然从树林中蹿出一只狼来，要吃羊。羊跳起来，拼命用角抵抗，并大声向朋友们求救。

牛在树丛中向这个地方望了一眼，发现是狼，扬蹄跑走了。

马低头一看，发现是狼，一溜烟跑了。

驴停下脚步，发现是狼，悄悄溜下山坡。

猪经过这里，发现是狼，冲下山坡。

兔子一听，更是撒腿离去。

山下的狗听见羊的呼喊，急忙奔上坡来，从草丛中闪出，一下咬住了狼的脖子，狼疼得直叫唤，趁狗换气时，仓皇逃走了。

回到家，朋友们都来了，牛说：你怎么不告诉我？我的角可以剜出狼的肠子。马说：你怎么不告诉我？我的蹄子能踢碎狼的脑袋。驴说：你怎么不告诉我？我一声吼叫，吓破狼的胆。猪说：你怎么不告诉我？我用嘴一拱，就把它摔下山去。兔子说：你怎么不告诉我？我跑得快，可以传信呀。

在这闹嚷嚷的一群中，唯独没有狗。

感悟 ganwu

能说的不一定是能做的，能做的不一定能说。羊的朋友很多，但唯一值得信赖的是一言不发的狗。

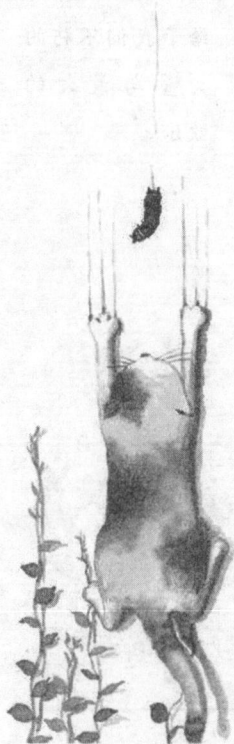

管仲与鲍叔牙

管仲二十来岁时就结识了鲍叔牙，起初二人合伙做点买卖，因为管仲家境贫寒就出资少些，鲍叔牙出资多些。生意做得还不错，可是有人发现管仲用挣的钱先还了自己欠的一些债，这钱还没入账就给花了。更可气的是到年底分红时，鲍叔牙分给他一半的红利，他也就接受了。

这可把鲍叔牙手下的人气坏了，有个人对鲍叔牙说，他出资少，平时开销又大，年底还照样和您平分利益，显然他是个十分贪财的人，要我是管仲的话，我一定不会厚着脸皮接受这些钱的。鲍叔牙斥责手下道：你们满脑子里装的都是钱，就没发现管仲的家里十分困难吗？他比我更需要钱，我和他合伙做生意就是想要帮帮他，我情愿这样做，此事你们以后不要再提了。

后来这哥俩又一起当了兵，二人更是相依为命。有一次齐国和邻国开战，双方军队展开了一场大厮杀，冲锋的时候管仲总是躲在最后，跑得很慢，而退兵的时候，管仲却跟飞一样地奔跑。当兵的都耻笑他，说他贪生怕死，领兵的想杀一儆百，拿管仲的头吓唬那些贪生怕死的士兵。

关键时刻又是鲍叔牙站了出来（此时鲍叔牙已当上了军官），他替管仲辩护道：管仲的为人我是最了解不过了，他家有80多岁的老母亲无人照顾，他不能不忍辱含羞地活着以尽孝道。管仲听了鲍叔牙的这番话，感动地流下了热泪，他哭诉道：生我的是父母，而了解我管仲的，唯有鲍叔牙啊！

过了两年多，管仲的老母病逝，他心中没了牵挂，这才塌下心来为齐国效命，果然是比谁都作战英勇，很快就得到了提拔重用。

感悟
ganwu

真正的友谊是一种摒弃了其他任何目的的纯信赖的感情。假如我们能遇到真正的知己，即使只有一两个，那也将是人生巨大的财富，是生活给予我们不朽的力量与最大的欢乐。

一个半朋友

从前有一个仗义的广交天下豪杰的武夫。他临终前对他儿子说："别看我自小在江湖闯荡，结交的人如过江之鲫，其实我这一生就交了一个半朋友。"

儿子纳闷不已。他的父亲就贴近他的耳朵交代一番，然后对他说："你按我说的去见见我的这一个半朋友，朋友的要义

你自然就会懂得。"

儿子先去了他父亲认定的"一个朋友"那里。对他说："我是某某的儿子，现在正被朝廷追杀，情急之下投身你处，希望予以搭救！"这人一听，容不得思索，赶忙叫来自己的儿子，喝令儿子速速将衣服换下，穿在了眼前这个并不相识的"朝廷要犯"的身上，而自己儿子却穿上了"朝廷要犯"的衣服。

儿子明白了：在你生死攸关的时刻，那个能与你肝胆相照，甚至不惜割舍自己亲生骨肉来搭救你的人，就可以称做你的一个朋友。

儿子又去了他父亲说的"半个朋友"那里，抱拳相求，把同样的话诉说了一遍。这"半个朋友"听了，对眼前这个求救的"朝廷要犯"说："孩子，这等大事我可救不了你，我这里给你足够的盘缠，你远走高飞快快逃命，我保证不会告发你……"

儿子明白了：在你患难的时刻，那个能够明哲保身、不落井下石加害你的人，也可称做你的半个朋友。

| 感 悟 |
ganwu

善待朋友是一件纯粹的快乐的事，如果苛求回报，快乐就会大打折扣，而且失望也同时隐伏。

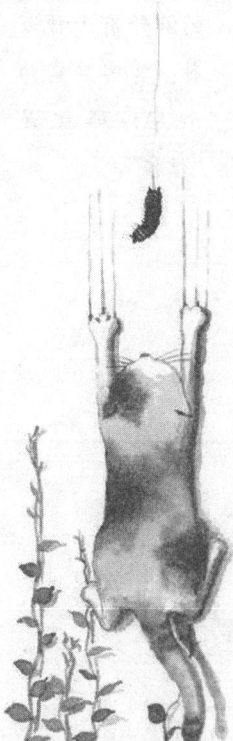

· 朋友的信任 ·

很久以前，在芬兰，有一个名叫麦克德的年轻人触犯了国王，被处以死刑。

麦克德是个孝子，在临死之前，他希望能与远在百里之外的母亲见最后一面，以表达他对母亲的歉意，因为他不能为母亲养老送终了。他的这一要求被告知了国王，被处以死刑。

国王感其诚孝，决定让麦克德回家与母亲相见，但条件是麦克德必须找到一个人来替他坐牢，否则他的这一愿望只能是镜中花水中月。这是一个看似简单其实近乎不可能实现的条件。有谁肯冒着被杀头的危险替别人坐牢，这岂不是自寻死路。但，茫茫人海，就有人不怕死，而且真的愿意替别人坐牢，他就是麦克德的朋友修兰斯。

修兰斯住进牢房以后，麦克德回家与母亲诀别。人们都静静地看着事态的发展。日子如水，麦克德一去不回头。眼看刑期在即，麦克德也没有回来的迹象。人们一时间议论纷纷，都说修兰斯上了麦克德的当。

行刑日是个雨天，当修兰斯被押赴刑场之时，围观的人都在笑他的愚蠢，幸灾乐祸的人大有人在。但刑车上的修兰斯，不但面无惧色，反而有一种慷慨赴死的豪情。

感悟 ganwu

这是一个真实的故事，不但感人，而且震撼人的灵魂。千百年来，有关朋友的解释有千种万种。其实只需两个字，那就是"信任"。

追魂炮被点燃了，绞索也已经挂在修兰斯的脖子上。有胆小的人吓得紧闭双眼，他们在内心深处为修兰斯深深地惋惜，并痛恨那个出卖朋友的小人麦克德。但是，就在这千钧一发之际，在淋漓的风雨中，麦克德飞奔而来，他高喊："我回来了！我回来了！"

这真是人世间最感人的一幕。大多数的人都以为自己在梦中，但事实不容怀疑。这个消息宛如长了翅膀，很快便传到了国王的耳中。国王闻听此言，也以为这是痴人说梦。

国王亲自赶到刑场，他要亲眼看一看自己优秀的子民。最终，国王万分喜悦地为麦克德松了绑，并亲口赦免了他的罪。

左伯桃与羊角哀

春秋时候，楚元王崇儒重道，招贤纳士，天下不知有多少人闻风而归。西羌积石山有一个贤士，名叫左伯桃，自幼父母双亡，勉力读书，养成济世之才，学就安民之业。那时候左伯桃已经快50岁了，因鉴于中国诸侯行仁政者少，恃强霸者多，所以一向没有做官的念头，后来听说楚元王慕仁为义，遍求贤士，便携书一囊，辞别乡中邻友，奔楚国而来。迤逦来到雍地，时值严冬，雨雪霏霏，再加一阵阵如刀如刺的狂风，左伯桃走了一天，衣裳都湿透了，勉强忍住寒冷前进。看看天色渐渐黑了下来，远远望见远处竹林之中，有一间茅屋，窗中透出一点灯光，伯桃大喜，就跑到这茅屋前去叩门求宿。屋里走出一个书生来，四十四五岁，知道了左伯桃的来意，便将他迎进屋去。左伯桃进得屋内，上下一看，只见屋中家具简单，而且破陋不堪，一张床上满堆了书卷。左伯桃请教那人姓名，知道叫羊角哀，也是自小死了父母，平生只爱好读书，想救国救民。二人三言两语，十分投机，大有"恨相见之太晚"的意思，便结拜做异姓兄弟。左伯桃见羊角哀一表人才，学识又好，就劝他一同到楚国去谋事，羊角哀也正有这个心思。一日天晴，两人便带了一点干粮往楚国去。晓行夜宿，日复一日，看看干粮将要用尽，而老天又降下大雪来，左伯桃思量，这点干粮，若供给一人用，还能到达楚国，否则两个人都要饿死。他知道自己学问没有羊角哀渊博，便情愿牺牲自己，去成全羊角哀的功名。想罢便故意摔倒地下，叫羊角哀去搬块大石头来坐着休息。等羊角哀把大石头搬来，左伯桃已经脱得精光，裸卧在雪地上，冻得只剩下一口气。羊角哀大恸哭号。左伯桃叫他把自己的衣服穿上，把干粮带走，速去求取功名。言毕死去。羊角哀到了楚国，由上大夫裴仲荐于元王，元王召见羊角哀时，羊角哀上陈十策，元王大喜，拜羊角哀做中大夫，赐黄金百两，绸缎百匹。羊角哀弃官不做，要去寻左伯桃的尸首。羊角哀把左伯桃的尸首寻着之后，给左伯桃香汤沐浴，择一块吉地安葬了。羊角哀便在这里守墓。

这消息被楚王知道之后，在他们死后，给他们建立了一座忠义祠，勒碑记其事，至今拜访者不绝。

感 悟
ganwu

契友千载好，世交永勿忘。不到患难时，不识真朋友。真正的友谊会使你心甘情愿地去为朋友尽义务，毫无怨言地为朋友作贡献，乃至奉献自己的生命。

给老朋友的信

朋友是什么?朋友是在你感到寂寞无助之时想起,给你一份力量和希望的人。正因为有了朋友的出现,才让我们本就孤独的世界有了色彩。珍惜身边的朋友吧,不要让时间冲淡了那份友谊,不要让世俗磨灭了那份情感。

这位出租车司机读东西读得太投入了,因为直到默菲不得不急迫地敲击车窗玻璃,才引起了他的注意。"您的车可以坐吗?"默菲问。司机点点头,默菲坐进了汽车的后座。

司机抱歉地说:"对不起,我刚刚在看一封信。"他的声音听起来像得了感冒。

"我理解,家书抵万金啊。"默菲说。

司机看上去大概60多岁了,因此默菲猜测道:"是您的孩子——您的孙子寄来的吧?"

"这不是家书,"他答道,"尽管也很像家书。爱德华是我的老朋友了。实际上,我们一直以来就互相叫'老朋友'来着——我是说,我们见面的时候。我的信写得不怎么好。"

"我猜他准是您的老相识。"

"差不多是一辈子的朋友了。我们上学时一直同班。"

"能维持这么长时间的友谊可不容易哟。"默菲说。

"事实上,"司机接着说,"在过去的25年中我每年只见他一两次,因为我搬家了,就有点儿失去联系了。爱德华是个了不起的家伙。只是,他几个星期以前过世了。"

"真叫人遗憾,"默菲说,"失去老朋友太叫人难过了。"

司机没有答话。他们默默地行驶了几分钟。接着,默菲听到司机几乎是自言自语地说:"我本该跟爱德华保持联系的。"

"嗯,"默菲表示同意,"我们都应该和老朋友保持至少比现在更密切的联系。不过不知怎么的,我们好像总是找不到时间。"

"我们过去都找得到时间的,这一点在这封信中也提到了。"他把信递给默菲,"看看吧。"

"谢谢,"默菲说,"不过我不想看您的信件,这可是个人隐私啊……"

"老爱德华死了。现在已经无所谓了。"他说，"看吧。"

信是用铅笔写的，称呼是"老朋友"。信的第一句话就是：我一直打算给你写信来着，可总是一再拖延。接着说，他常常回想起他们共同度过的美好时光。信中还提到这位司机终生难忘的事情——青少年时期的调皮捣蛋和昔日的美好时光。

"您和他在一个地方工作过？"默菲问。

"没有。不过我们单身的时候住在一块儿。后来我们都结了婚，有一段时间我们还不断互相拜访。但很长时间我们主要只是寄圣诞卡。当然，圣诞卡上总会加上一些寒暄话——比如孩子们在做什么事儿——但从来没写过一封正经八百的信。"

"这儿，这一段写得不错，"默菲说，"上面说，这些年来你的友谊对于我意义深远，超过我的言辞——因为我不大会说那种话。"默菲不自觉地点头表示认同，"这肯定会使您感觉好受些，不是吗？"

司机咕哝了一句令默菲摸不着头脑的话。

默菲接着说："知道吗，我很想收到我的老朋友寄来的这样的信。"

他们快到目的地了，于是默菲跳到最后一段——"我想你知道我在思念着你。"结尾的落款是："你的老朋友，汤姆。"

车子在默菲下榻的旅馆停下了，默菲把信递还给司机。"非常高兴和您交谈。"把手提箱提出汽车时，默菲说，但心底却突然产生了疑惑。

"您朋友的名字是爱德华，"默菲说，"为什么他在落款处写的却是'汤姆'呢？"

"这封信不是爱德华写给我的，"他解释说，"我叫汤姆。这封信是我在得知他的死讯前写的。我没来得及发出去……我想我该早点写才对。"

到旅馆之后，默菲没有马上打开行李——他得写封信，并立刻发出去。

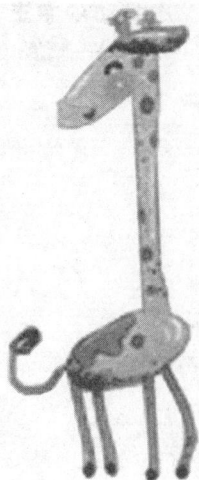

大象和蜜蜂交朋友

大象和蜜蜂结下了深情厚谊，这是因为它们志趣相投，都乐意为人们出力。

蜜蜂想用最甜的蜜招待朋友，大象每次都婉言谢绝，它说："你们辛勤劳动所得，除了自己享受，多献一些给可爱的养蜂人吧。他们是受之无愧的。"

大象在搬运着沉重的木头。蜜蜂路过见到了，挤出一点空，在大象耳边奏一支"嗡嗡"短曲，让好朋友减轻疲劳，增添力量。大象和蜜蜂的友谊被当做佳话四处流传。一只肥壮的狗熊听了，特地找到大象，责问道："你和小蜜蜂交朋友，这是真的？"

"我从来没有保密。"大象幽默地回答。

"你这么个大个子，比我还大好几倍，竟然同一丁点儿大的飞虫交朋友，实在有失体面。"狗熊激动起来，大声说，"我以一头猛兽的身份奉劝你，快快同它们一刀两断。"

"不可能。"大象断然说道，"我佩服蜜蜂的品格，乐意和它们交往。有这样的朋友，我不但不降低身份，反而感到光荣。"

狗熊说不过大象，憋了一肚子气，悻悻地走了。

不久以后的一个深夜，大象从梦中被附近蜂房的骚动惊醒。它赶了过去，只听蜜蜂们怒叫着："狠狠收拾这个偷蜜贼！再不要放过这下流坏子！"

在夜色中，大象看见蜜蜂们追刺着一个庞然大物。它大吼一声，奔上前，用鼻子把那家伙卷起，往远处一抛。到第二天天亮时，大伙才看清楚，被大象抛到泥塘里，陷在烂泥中的，正是极力反对大象和蜜蜂保持友谊的角色——狗熊！

范巨卿鸡黍死生交

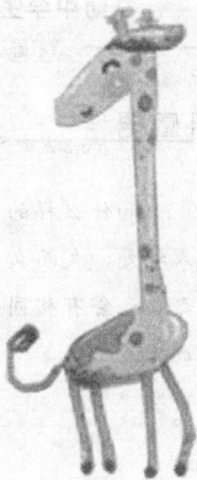

汉明帝时有一个秀才，姓张名劭，字元伯，是汝州南城人氏。张元伯家中贫寒，便发愤苦读，想考取功名。

恰逢当时汉明帝求贤，于是张元伯进京应举。有一天，张元伯在离洛阳不远的一个客店中遇到一个患瘟疫的山阳举子范巨卿。由于范巨卿的病有传染性，没有人肯帮助他，只好在店里等死。张元伯见他可怜，便喂药供食救活了他，连续几天在店中为他煎药治病，最后发现已经过了考期。既然考不了科举，二人索性便结为兄弟。后来范巨卿痊愈，二人于重阳之日挥泪而别，并相约来年今日范至张家登堂认母，张备鸡黍以待客。

感悟
ganwu

到了第二年重阳，张元伯早早起来，洒扫厅堂，让弟弟杀鸡做饭。母亲说："山阳离此有千里之远，巨卿未必能按期而至，等他来了再杀鸡也不迟。"元伯说："我的兄弟是个讲信义的人，说今天来一定会今天来的。"然而，从早到晚，他不知跑出去多少次，直到红日西沉明月高升也不见巨卿踪影。母亲和弟弟都去睡觉了，他依然倚门而望，风吹草动，都疑为兄长已至。渐渐到了三更天，月光都没了，张元伯隐隐见一黑影随风而至，仔细一看，果然是巨卿。元伯兴奋异常，然而巨卿既不答话，也不吃饭，只是摆手不许他近前，说："吾非阳世之人，乃阴魂也。"

元伯非常惊讶，忙问是何原因？原来，范巨卿忙于养家糊口，忘了重阳之约，等到想起，已是今日早晨。心想："如果我不能按时赴约，那兄弟会怎么看我呢？吃饭赴约的事尚且不能遵守，何况是以后办大事呢？我听古人说，人不能日行千里，鬼魂却能日行千里，于是，自刎而死，'魂驾阴风，特来赴鸡黍之约'！"

今人也许根本无法理解古人的重情重义。你有无可奈何的累，他也有身不由己的苦，所幸茫茫人海你们有过纯洁无瑕的友谊。

桂花的朋友

有一天，一个路人发现路旁有一堆泥土，从土堆中散发出非常芬芳的香味，他就把这堆土带回家去，一时之间，他的家竟满室香气。路人好奇而惊讶地问这堆土："你是从大城市来的珍宝吗？还是一种稀有的香料？或是价格昂贵的材料？"泥土说："都不是，我只是一块普通的泥土而已。"路人说："那么你身上浓郁的香味从哪里来的？"泥土说："我只是曾和桂花树相处过很长的一段时期。"

200元的友谊

国庆节的时候，我到服装市场买一件过冬的衣服。没逛多久便看中一件精致的针织衫。问价，一家要80元，另一家要95元。我一时拿不定主意，信步往下一个店子走去，真巧，遇上了初中好友子娟。毕业后彼此被生计所累，我们有很长一段时间疏于联系。我现在在家乡的小学做一名语文老师，而子娟于五年前下海做起了服装生意。子娟抱住我大呼小叫了一阵，相互询问彼此的一些近况。子娟显得成熟而干练，我也为久别相逢兴奋不已。子娟的店里也挂着我想要的相同款式的针织衫，我连价都没问就让子娟给打了包。"哪能赚朋友的钱，给个进价，就200块吧。"子娟轻描淡写地说。我脸上的快乐因惯性的作用一时无法收回，所以仍茫然地延续着。我艰难地从口袋里抽出两张皱皱的百元钞票，轻轻放在子娟积落尘埃的柜台上。我们彼此都没要对方的电话号码。那件针织衫，我一直没敢穿。

鹿与豺的故事

在一个名叫金巴兰的大森林里，住着一只鹿和一只乌鸦，它们相处得很和睦。有一天，一只豺来到森林里，对鹿说："你住在这座森林里，也没有一个伴儿，你如果和我交个朋友，那该多好啊。"鹿听了豺的话以后，便把豺领到了自己家里。乌鸦远远地看见豺走来的时候，就对豺有了戒心。它把鹿叫到一边，悄悄地对鹿说："兄弟，你不了解豺的身份和脾气就和它交朋友，可不太明智啊。"但是鹿没有听乌鸦的劝告，仍然同豺交了朋友。

一天，豺对鹿说："朋友，离这儿不远的地方有一大片金黄的稻田，到那里去你可以吃到你最喜欢吃的食物。"鹿听了豺的话，就每天到那片稻田里去吃稻子。护田人发现鹿天天来吃稻子，就布了网，准备捉住它。有一天，鹿刚刚来到田里就陷进网里了。鹿在网里想：在这危难时刻，我的朋友豺如果能来帮我的忙该多好啊！这时，豺果然到稻田里寻找鹿，当它发现鹿陷进了护田人的网里时，心想：鹿终于陷进网里了，好哇，这回护田人剥了它的皮，我就可以吃肉了。

鹿突然发现了豺，急忙哀求道："朋友，你能救我脱险吗？你不救我，我肯定活不了了，请你想办法咬破这个网，救救我吧。俗话说：'患难知朋友，战场显英雄。'你如果救了我，我是不会忘记你的恩情的。"

豺说："朋友，我可怜你，我看到你落难，心里十分难过，我一定要咬破这张网。不过，今天是我的斋戒日，不能吃肉，这网是用羊肠做的，如果我一咬，便会破坏了我的斋戒，等明天早晨再说吧。明天一早，我就来救你。"豺说完就走了，然后到一个隐蔽的地方藏了起来。

天快黑了，乌鸦还不见鹿回家，心里非常着急。它四处寻找，最后发现鹿正陷在网里。乌鸦说："朋友，你怎么会掉进网里？你的朋友豺在哪儿？"

鹿说："兄弟，这就是我不听你的话，和豺交朋友的下场，真是'不听好人言，遭殃在眼前'。"

"朋友，你赶快鼓起肚子躺在地上装死，听我大声叫的时候，你立刻爬起来逃走。"乌鸦说完，便飞到一棵树上去。鹿听了乌鸦的主意，就鼓起肚子躺在地上，假装死了。

护田人走近一看，以为鹿真的死了，便放下木棒，赶快去收网。在护田人收网的时候，乌鸦立刻呱呱地叫起来。鹿听到乌鸦的叫声，爬起来撒腿就逃。护田人发现鹿跑了，拾起木棒向鹿扔过去，木棒没有打中鹿，正好打着藏在树丛后面等着吃鹿肉的豺。

交朋友要真诚，不能只求收获，不愿付出。给予是一件很高兴的事情，以真心换真心，这样才会获得朋友的信赖和帮助，你的朋友才会越来越多。懂得付出的人是真正拥有财富的人。

孤零零的狐狸

黄牛看见狐狸在树下呜呜地哭，问他为什么悲伤。

狐狸抹了一把眼泪，说："人家都有三朋四友，唯独我孤零零的，心里难受哇……"

黄牛问："花猫不是你的朋友吗？"

狐狸叹口气，说："花猫与我交友一载，没请过我一次客，这算什么朋友？我早跟他散伙了。"

黄牛问："山羊不是你的朋友吗？"

狐狸摇摇头，说："山羊与我结拜半年，从未给过我一分钱的好处，还有啥朋友味儿？我早跟他断绝来往了。"

黄牛长叹了一声，问："听说你曾经跟大黑猪的关系还可以？"

狐狸气得直跺脚，说："我早把他踢了！你想想，大黑猪能帮我什么忙？当初我根本就不该认识那个蠢家伙。"

黄牛戏谑地一笑，调侃地说："狐狸先生，我送你一样东西吧。"

狐狸眼睛一亮，心想这下可以讨到便宜了，立刻止住哭，问道："什么东西？"

黄牛扭过头，扔下一句"贪鬼"，头也不回地走了。

谁是朋友

张雪峰下岗后，一时找不到工作，闲着无事，打算回小县城暂居一段时间，但又怕信息不灵，误了找工作的机会。因此临走前，便请十几个特铁的哥们吃了一餐。

酒酣饭足脸红耳热之时，张雪峰趁机要哥们帮忙留意一下招聘信息。

老刘涨红着脸嘟囔道，这算个鸟事，我们兄弟多活动活动，帮大哥找份轻松活。"对！"朋友们神情激昂，拍胸脯拍大腿保证，一有什么信息立刻通知大哥。

张雪峰看到哥们如此群情激昂，含着泪说："谢谢！谢谢！小弟找到工作后，再请大家喝酒。"这时，一直在喝闷酒的王强站起来，歪着脸向张雪峰劝酒，建议他回县城开一店面，弄些钱解决温饱，静心发挥特长，自由自在的，比找什么破工作强多了。此话一出，热闹的场面突然安静下来了，大伙全瞪着王强。

张雪峰不高兴了，心想：这人真不够朋友。于是只将联系电话告诉其他几个，便黯然离开。

张雪峰回到县城，整天待在家里无事干，人也没了精神。

感悟 ganwu

建立在酒肉基础和哥们义气上的友谊是不可靠的友谊，只有患难相济的友谊才是真正的友谊。

妻子劝他在家看看书，写点东西什么的，别让事把人憋死了。可他老惦记城里的工作，惦记哥们帮他找到工作后打电话来。他往往写一会儿东西瞧一下电话机。如果有事外出，一回来就慌忙去翻看电话的来电显示，然而半点音讯也没等到，张雪峰觉得日子挺难捱。

半年后的一天晚上，张雪峰看完中央电视台的新闻联播，走进房间里看书，烦躁地东翻翻西翻翻。

这时，王强裹着寒气闪身进来。张雪峰给他温了酒，责怪他不预先打个电话，好去接他。王强说："你又不给我留个电话，害得我匆匆跑来。岳阳晚报社招记者，报名截止明天中午，我是专程来通知你的。"

张雪峰应聘当上了记者，在新一酒楼请朋友们喝庆祝酒。喝着喝着，老刘大声说："晚报招聘广告一登出来，我就打电话过去了，嫂子接的。我知道大哥准成，嘿……来，喝酒。"张雪峰心里掠过一丝不快。

接下来，一哥们说广告公司招人，打了好几次电话却找不到大哥。

另一个说 IT 通讯公司招业务主管我还帮大哥报了名，打了几次电话也联系不上。

一个比一个说得动听，张雪峰的脸却越来越沉。这时，一言不发的王强站了起来，举起酒杯说："大家都为大哥的再就业操碎了心，都出了不少力。现在我们不说这些，大家都来喝酒，干！""对，干！"声音嘈杂而高亢。张雪峰暗地里用力捏捏王强的手说："好朋友，干！"泪水在眼里直打转，他嘴巴动了动，好似想说些什么，但他望望喝得满脸通红的众人，什么也没说。

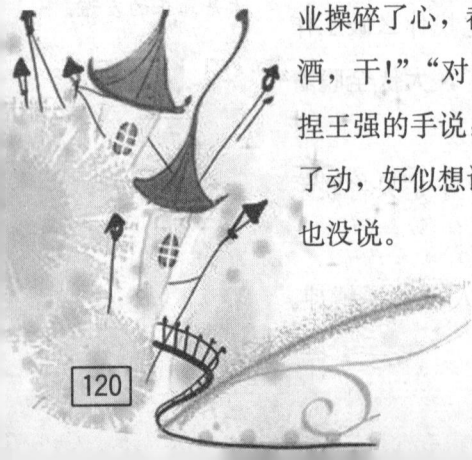

荀巨伯重义轻生

    荀巨伯是汉桓帝时的贤士，一向恪守信义，笃于友情。他听说千里之外的一个好友得了重病，心急如焚，匆匆安排了家事，收拾好行装，便赶去探视。他晓行夜宿，戴月披星奔波了半个多月，才到达好友居住的县城。谁知进城以后，只见街上冷冷清清，悄无一人，觉得很奇怪。他好容易才找到好友的住处，发现好友躺在床上，面色惨白，连声低呼：

    "水！水！"

    荀巨伯忙从桌上取过土碗，四处寻水，好一会儿才在厨房的水缸里找到了一点儿水，马上装入碗内，递到友人口边。

    友人呷了几口，精神稍好一些，抬头见是荀巨伯给他递水，惊喜地问道："你什么时候来的?"

    荀巨伯答道："刚到。"

    友人见荀巨伯满面风尘，为看望自己不惜千里奔波，深为感动。但想到目前情况紧急，又焦急地对荀巨伯说："胡兵马上就要来攻城，城里的人都跑光了，你还是赶快走吧，晚了就走不了啦！"

    荀巨伯诚挚而又坚定地说："你重病在身，旁边没一个亲人，作为朋友，我现在能够离开吗?"

    友人感动地说："贤弟盛情，令人感动。我是将死的人了，怎么能够连累你呢? 还是快点儿走吧！"说完，又吃力地把手一挥。

    荀巨伯恳切地说："我不远千里来看你，你却要我走。弃义以求生，我荀巨伯是那样的人吗?"

    正说到这里，突然听到门外有人高喊："这里有人！"

感 悟
ganwu

    朋友是一种财富，有时纵使你倾尽所有也不及一个真正的朋友来得重要。友谊是要用爱来播种，用感谢来收获的。珍惜你所拥有的友情，真诚地对待你的朋友，理解他们，支持他们，用真诚的心和爱去灌溉并收获真正的友谊。

友人听见喊声，焦急地对荀巨伯说："胡人来了！你快从后门逃走吧！"

说到这里，由于情绪激动，又禁不住连声咳嗽。

荀巨伯忙把土碗递到他口边。正在这时门突然被踢开，一个身材魁梧、身着胡装、手执钢刀的大汉，带领几个随从冲了进来。

友人十分着急，荀巨伯却镇定如常。

大汉见屋中只有两个男子，一个卧病在床，一个亲为递水，便走上前去，大声地问荀巨伯道："我大军一到，一郡尽空，你是何人，竟敢独自停留？"

荀巨伯从容不迫地回答道："在下荀巨伯，因友人重病在身，无人照顾，因此千里探视，不忍离去。望刀下留情，要杀就杀我，千万不要伤友人之命！"

大汉想不到一郡尽空，竟有人愿舍己救友，颇为感动，便对随从们说："我等不该入此有义之国，走！"

说完，向荀巨伯一拱手，转身出门而去。

友人此时方如释重负，紧紧拉住荀巨伯的手，一句话也说不出来，眼泪滚滚而下……

棉鞋与玫瑰

在小镇最阴湿寒冷的街角，住着吉姆和他的妻子珍妮。吉姆在铁路局干一份维修的活，又苦又累；珍妮在做家务之余就去附近的菜市场做点杂活，以补贴家用。生活是清贫的，但他们是相爱的一对。冬天的一个傍晚，小两口正在吃晚饭，突然响起了敲门声。

珍妮打开门，门外站着一个冻僵了似的老头，手里提着一个菜篮。"夫人，我今天刚搬到这里，就住在对街。您需要一

些菜吗?"老人的目光落到珍妮缀着补丁的围裙上,神情有些黯然了。"要啊,"珍妮微笑着递过几个便士,"胡萝卜很新鲜呢。"老人浑浊的声音里又有了几分激动:"谢谢您了。"

关上门,珍妮轻轻地对丈夫说:"当年我爸爸也是这样挣钱养家的。"

第二天,小镇下了很大的雪。傍晚的时候,珍妮提着一罐热汤,踏过厚厚的积雪,敲开了对街的房门。

两家很快结成了好邻居。每天傍晚,当吉姆家的木门响起卖菜老人笃笃的敲门声时,珍妮就会捧着一碗热汤从厨房里迎出来。

圣诞节快来时,珍妮与吉姆商量着从开支中省出一部分来给老人置双棉鞋:"他脚上的鞋太破了,这么大的年纪每天出去挨冻,怎么受得了。"吉姆点头默许了。

珍妮终于在平安夜的前一天把棉鞋赶成了,针脚密密的。平安夜那天,珍妮还特意从花店带回一枝处理玫瑰,插在放棉鞋的纸袋里,趁着老人出门购菜,放到了他家门口。

两小时后,吉姆家的木门响起了熟悉的笃笃声,珍妮一边说着圣诞快乐一边快乐地打开门,然而,这回老人却没有提着菜篮子。

"嗨,珍妮,"老人兴奋地微微摇晃着身子,"圣诞快乐!平时总是受你们的帮助,今天我终于可以送你们礼物了。"说着老人从身后拿出一个大纸袋,"不知哪个好心人送到我家门口的,是很不错的棉鞋呢。我这把老骨头冻惯了,送给吉姆穿吧,他上夜班用得着。还有,"老人略带羞涩地把一枝玫瑰递到珍妮面前,"这个给你。也是插在这纸袋里的,我淋了些水,它美得像你一样。"

娇艳的玫瑰上,一闪一闪的,是晶莹的水滴。

一份真挚的友谊,胜过千万金银珠宝。一座友谊的桥梁,比金钱更重要!

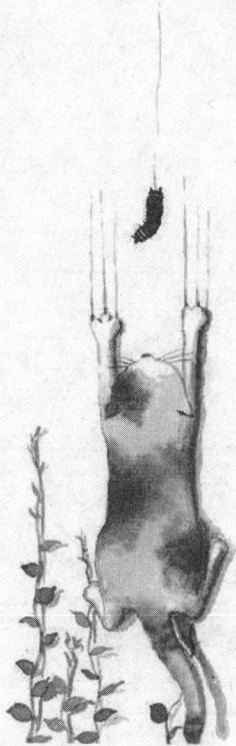

尘封的友谊

寻觅朋友是一难，维系朋友是二难。马克思说："友谊需要忠诚去播种，热情去灌溉，原则去培养，谅解去护理。"

　　1945年冬，波恩市的街头。两个月前这里还到处悬挂着纳粹党旗，人们见面都习惯地举起右手高呼着元首的名字。而现在，枪声已不远了，整个城市沉浸在一片深深的恐惧之中。

　　奎诺，作为一名小小的士官，根本没有对战争的知情权。他很不满部队安排他参加突袭波恩的行动，更糟糕的是，这次行动的指挥官是巴黎调来的法国军官希尔顿，他对美国人的敌视与对士兵的暴戾几乎已是人尽皆知。接下来两个星期的集训，简直是一场噩梦，唯一值得庆幸的是，奎诺在这里认识了托尼——一个健硕的黑人士兵，由于惺惺相惜，这对难兄难弟很快成了要好的朋友。

　　希特勒的焦土政策使波恩俨然成为一座无险可守的空城，占领波恩，也将比较容易。而突袭队的任务除了打开波恩的大门外，还必须攻下一个位于市郊的陆军军官学校。而希尔顿的要求更加残忍，他要求每个突袭队员都必须缴获一个铁十字勋章——每个德国军官胸前佩戴的标志，否则将被处以鞭刑，也就是说突袭队员们要为了那该死的铁十字而浴血奋战。

　　突袭开始了，法西斯的机枪在不远处叫嚣着——不过是苟延残喘罢了。在盟军战机的掩护下，突袭队顺利地攻入了波恩。然而他们没有喘息的机会，全是因为那枚铁十字。在陆军学院，战斗方式已经转变成了巷战，两小时的激烈交火，德军的军官们渐渐体力不支，无法继续抵挡突袭队的猛烈进攻，他们举起了代表投降的白旗。突袭队攻占了学院之后迅速地搜出每个军官身上的铁十字。手里攥着铁十字的奎诺来到学院的花

园，抓了一把泥土装进了一个铁盒，那是他的一种特殊爱好，收集土壤。他的行囊中有挪威的、捷克的、巴黎的，还有带血的诺曼底之沙。他正沉浸在悠悠的回忆中，托尼的呼唤使他回到了现实，托尼神秘地笑了笑："伙计，我找到了一个好地方。"

他们的休息时间少得可怜，奎诺跟着托尼来到了二楼的一间办公室。从豪华的装饰来看，这个办公室的主人至少是一位少校。满身泥土和硝黄气息的奎诺惊奇地发现了淋浴设备，他边嘲笑着托尼，边放下枪支和存放着铁十字的行囊，走进浴室舒舒服服地洗了个澡。当他出来时，托尼告诉他说希尔顿要来了，他要了解伤亡人数，当然，还要检查每个士兵手中的铁十字。他马上穿好衣服背上枪支、行囊，与托尼下楼去了。

大厅里，每个人都在谈论手里的铁十字，奎诺也自然伸手去掏铁十字，然而囊中除了土壤外竟无别物。奎诺陷入了希尔顿制造的恐怖之中，他没想到会有人为了免受皮肉之苦而背叛战友。奎诺首先怀疑到托尼，并向其他战友讲了此事，当下大家断定是托尼所为。

所有士兵此时看托尼的眼光已不是战友的亲昵，而只是对盗窃者的鄙夷与敌视。他们高叫着、推搡着托尼，而此时托尼的眼中并不是愤怒，而是恐惧、慌张，甚至是祈求，他颤颤地走到奎诺的面前，满眼含着泪花地问道："伙计，你也认为是我偷的吗？"此时的奎诺狐疑代替了理智，严肃地点了一下头，托尼掏出兜里的铁十字递给了奎诺。

当那只黑色的手触到白色的手时，托尼眼中的泪水终于决堤，他高声地朝天花板叫到："上帝啊，你的慈惠为什么照不到我。"

"因为你是个黑人。"从那蹩脚的发音中，人人都听得出来是希尔顿来了。他腆着大肚子，浑身酒气。随之，一个沉沉的

巴掌甩在托尼的脸上。而后检查铁十字，不难想到，只有托尼没有他要的那东西。

再之后，盟军营地的操场上，托尼整整挨了30鞭。

两个星期过去了，托尼浑身如鳞的鞭伤基本痊愈，但在这两个星期里，无人过问他的伤情，没有人关心他，奎诺也不例外。

又是一个星期六，奎诺负责看守军火库，他在黄昏的灯光下昏昏欲睡，忽然，一声巨响，接着他被砸晕了。

等他醒来，发现自己躺在病榻上。战友告诉他，那天是托尼的巡查哨，纳粹残余分子企图炸毁盟军的军火库，托尼知道库中的人是奎诺，他用身体抱住了炸药，减小了爆炸力，使军火毫发无伤，托尼自己却被炸得四分五裂。本来，他是可以逃开的。

50年过去了，奎诺生活在幸福的晚年之中，对于托尼的死，他觉得那是对愧疚的一种弥补。直到有一天，他平静的生活破碎了，因为他的曾孙，在一个盖子上写有波恩的铁盒中，发现了一枚写着"纳粹"的铁十字。

年近九旬的奎诺像孩子一样地哭了起来，那眼泪，是因为悲哀而痛苦，不是为自己年轻时的愚鲁，而是为托尼年轻的生命；是因富有而喜悦，不是因为那锈迹斑斑的铁十字，而是为了那段尘封了大半个世纪的友谊。

第 5 章

云想衣裳花想容，春风拂槛露华浓

关于爱情的起源，有很多美妙的传说：一说女人是男人身上的一块肋骨，上帝造女人是为了慰藉和陪伴寂寞的男人；另一说人本无性别之分，只是因为力量过于强大威胁到神的权威，上帝遂将人分为两半，因此人一落地便要不断地寻找属于自己的另一半，以找回强大的力量；还有一说人前生是缘河中河蚌的一半，生下来便开始寻找自己的另一半，再将种种艰难困苦育为珍珠，即所谓的爱情。

然而，当大街小巷的上空飘荡着缠绵悱恻的爱情歌曲，电视电影里不厌其烦地演绎着山盟海誓的爱情故事时，人们发现，一方面不断追寻着爱的真谛，另一方面又被爱刺得伤痕累累。人们不住发问：爱的世界里究竟有没有永恒？真爱在现实面前真的很渺小吗？最美丽动人的语言和最纯净无瑕的心灵也会被时间无情地吞没？

微醉的夕阳里，喧闹的城市中，老爷爷搀扶着老奶奶，老奶奶倚靠在老爷爷的肩头，就这样默默注视着夕阳，带着幸福的微笑的时候，幸福就是这样自然地写在了脸上。

爱是不会老的，它留着的是永恒的火焰与不灭的光辉，世界的存在，就以它为养料。

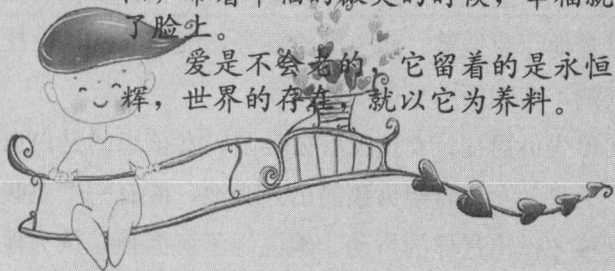

·千纸鹤·

男孩和女孩初恋的时候，男孩为女孩折了1 000只纸鹤，挂在女孩的房间里。男孩对女孩说，这1 000只纸鹤，代表我1 000份心意。

那时候，男孩和女孩分分秒秒都在感受着恋爱的甜蜜和幸福。女孩家很有钱，可是男孩却什么也没有。后来女孩渐渐疏远了男孩。女孩终于要结婚了，她去了英国，在那个有着典雅传统的国家幸福地生活着。女孩和男孩分手的时候，对男孩说，我们都必须正视现实，婚姻对女人来说是第二次投胎，我必须抓牢一切机会，你太穷，我难以想象我们结合在一起的日子……

男孩在女孩去了英国后，卖过报纸，干过临时工，做过小买卖，每一项工作他都努力去做。许多年过去了，在朋友们的帮助和他自己的努力下，他终于有了自己的公司。他有钱了，可是他心里还是念念不忘女孩。

有一天，男孩开着他那辆银色的名车去上班，银色是女孩最喜欢的颜色。忽然他看到一对老人在前面慢慢地走。男孩认出那是女孩的父母，于是男孩决定跟着他们。他要让他们看看自己不但拥有了小车，还拥有了别墅和公司，让他们知道他不是穷光蛋，他是年轻的老板。男孩一路开慢车跟着他们。雨不停地下着，尽管这对老人打着伞，但还是被斜雨淋湿了。到了目的地，男孩呆了，这是一处公墓。他看到了女孩，墓碑的瓷像中女孩正对着他甜甜地笑。而小小的墓旁，细细的铁丝上挂着一串串的纸鹤，在细雨中显得如此生动。

女孩的父母告诉男孩，女孩没有去英国，女孩患的是白血病，女孩去了天堂。女孩希望男孩能出人头地，能有一个温暖的家，所以女孩才作出这样的举动。她说她了解男孩，认为他

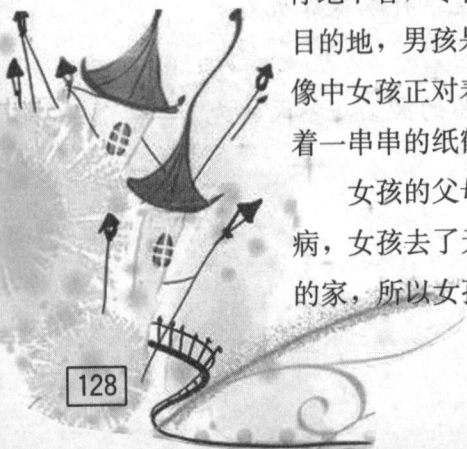

一定会成功的。女孩说如果有一天男孩到墓地看她，请无论如何带上几只纸鹤。男孩跪下去，跪在女孩的墓前，泪流满面。清明节的雨不知道停，把男孩淋了个透。男孩想起了许多年前女孩纯真的笑脸，男孩看着心就开始一滴滴往下淌血。这对老人走出墓地的时候，看到男孩站在不远处，奥迪的车门已经为老人打开。汽车音响里传出了哀怨的歌声，"我的心，不后悔，反反复复都是为了你，千纸鹤，千份情，在风里飞……"

智者眼中的爱情

有一天，柏拉图问老师苏格拉底什么是爱情？老师就让他先到麦田里去，摘一株全麦田里最大最金黄的麦穗来，其间只能摘一次，并且只可向前走，不能回头。

柏拉图按照老师说的去做了。结果他两手空空地走出了田地。老师问他为什么摘不到？他说："因为只能摘一次，又不能走回头路，其间即使见到最大最金黄的，因为不知前面是否有更好的，所以没有摘；走到前面时，又发觉总不及之前见到的好，原来最大最金黄的麦穗早已错过了，于是我什么也没摘。"老师说："这就是'爱情'。"

之后又有一天，柏拉图问他的老师什么是婚姻，他的老师就叫他先到树林里，砍下一棵全树林最大最茂盛、最适合放在家做圣诞树的树。其间同样只能砍一次，以及同样只可以向前走，不能回头。

柏拉图照着老师说的话做。这次，他带了一棵普普通通，不是很茂盛，亦不算太差的树回来。老师问他，怎么带这棵普普通通的树回来，他说："有了上一次经验，当我走到大半路程还两手空空时，看到这棵树也不太差，便砍下来，免得错过了后，最后又什么也带不出来。"

老师说："这就是'婚姻'！"

爱的距离

相爱不要伤害，即使是付出也不要因为爱对方而给对方压力，其实爱也需要距离。

从前，在深山里生活着两只刺猬，他们总是一前一后地在松林下、草丛里快乐地寻觅食物。她总比他运气好，会毫不费力地找到那些松子、野果之类的东西，补养得越发光鲜美丽。她于是暗暗嘲笑：那个笨家伙为什么总要走到很远的地方去呢？她渐渐地习惯了这小范围的生活，以至于懒得跨过不远处的小河。不久她发现附近可以吃的东西越来越少，不得已蹚着养尊处优的小姐身子笨拙地爬过河上的石头，却意外地发现了那只令她鄙夷的他奄奄一息地躺在对岸的大树下，旁边有许多松果。当她走近他时，那一丝微弱的声音，却已让她泪流满面。"对不起，我再也不能在你的路上丢下食物啦！"于是他们相爱了，但当他们走近时却发现他们之间是那么不适应，每一次拥抱都会被身上的刺刺伤彼此。他仍然那样宽厚地待她，她仍然不愿意走过小河。他把她溺爱到四肢更加短小，她爱他使他更加愿意为自己的所爱多积备些食物。以至于最后他们分别因累因饿倒在小河的两边，他们泪眼相望。"我们来世做两只相爱的鸟吧！我们一起自由自在地飞翔。"

来生他们果然转世成了鸟，可天意弄人，他们都只长了一只翅膀。他们前世曾经是那么相爱，可现在又成了不会飞的鸟，多少次险些丧身于狡猾的黑猫之口。他们爱怜地看着彼此，忽然同时惊喜地喊：我们利用两只翅膀一起飞吧！于是他们学会了低飞，尽管不能保证完全躲避地上动物的袭击，但总算增大了安全系数，起码对黑猫这个嘴灵而捕技差的家伙还是有作用的，可还是有几次险些让狼吃掉。一天黑猫悄悄对雄鸟说："你爱她吗？""当然！"雄鸟不知道这个家伙有什么鬼点子。"如果你爱她，为什么不把你的翅膀给她呢？如果像现在这样，你们迟早会都没命的！我说你也不信。"说完黑猫掉头

走了。几天后两只鸟捧着各自的翅膀哭得死去活来。原来黑猫也对雌鸟说了同样的话。看着走得越来越近的狐狸，他们伤心地说："如果还有来世，我们一定要做人，永远在一起！"

来生他们果然转世成了人，他们真的永远在一起了，同床共枕，形影不离，每时每刻都如胶似漆地粘在一起。可是他们真的想分离，知道为什么吗？因为他们成了连体人。

· 爱情的价值 ·

上帝想看看"爱情"是什么东西，变成了一个乞丐，站在路边乞讨。一个身量苗条体格风骚的女人在旁边不安地徘徊着。乞丐走了过去：求求你，打发一点吧。给！女人扔下一个硬币，唯恐避之不及。

不，我要的不仅仅是钱，我要的还有爱。乞丐把硬币收起来，很温和地看着女人。爱？女人笑着说，你搞错了吧，你也对我说爱。

为什么不行？哪条规定你不能嫁给乞丐。而且，我是一个很特别的乞丐。

可是你很丑还很脏，收入也很低，而且你的职业很不体面，我和你在一起很没有面子啊，女人笑道。不，只要我能和你在一起，我会把自己洗得像萝卜一样白。人丑一点看久了也就成特点了。收入我比一般人高出几倍，至于体面，我认为干这一行的跟迎宾小姐在工作性质上没有什么不同，况且我见的人和世面比她们可大得多。

哦，呵呵。女人笑道，你再行也只是个乞丐，就像你是一只完美的苍蝇一样，你永远成不了蝴蝶的。

我可以爱你到海枯石烂永远不变心啊，而且我会以实际行动来表达我对你的爱是真心的。我现在也小有积蓄，可以到一个安静的地方建一座小屋，我会做饭做菜，会洗衣服哄小孩，

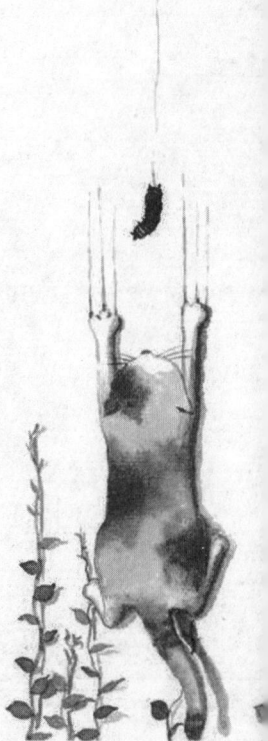

感悟
gǎnwù

所谓为情所困，是因为每个人在欺骗自己的时候都不知不觉地成了天才，连不食人间烟火的神仙，都差点上了自己的当啊。

会每天把地板和你的皮鞋擦得干干净净，我会在春天的早上和你去山上看看风景呼吸新鲜空气，在秋天的日子和你一起去看美丽的夕阳。

女人开始打量起乞丐来。乞丐向女人靠近了一步，又说道：我现在乞讨不是目的只是手段，我会把所有积蓄投入到一笔尽管赚钱不多却可靠的生意当中去，你来当老板娘，我也会成为一个绅士，我们也会一起走在大街上，看到像我现在这样的可怜人时给他一枚硬币来体现我们的爱心，我也很健康也很有力气，你那么美丽我们会生下一个漂亮宝贝。只要我愿意，我还可以去上个大学上个研究生什么的成为高级知识分子，谁还知道我曾经在这个地方乞讨过？我们只会记得在这里有一段改变命运的温情邂逅。

女人惊愕地睁大了眼睛，喃喃地说：你还真的很特别，你不会永远是个乞丐。

上帝脉脉地扫了一眼女人说：我不会像一般的帅哥大款无情无义。我是一个"三心"牌男人，自己看了伤心，别人看了开心，扔在家里放心。我知道自己丑，但长得丑不是我的错，那是上帝造我的时候喝多了点，我会拼命赚钱和用对你的爱来让你心理平衡。而且，女人最重要的是要有安全感，我愿意一生一世当你的守护神，随时让你感受到我的力量，我肩膀的厚实，我时刻准备为保护你献出年轻的生命……我对你的爱始终像宇宙那么大，对你的恨永远像沙粒那么小，我们在一起，还稀罕什么天堂，还惧怕什么地狱？

哦，女人想了一下说，你明天还会在这儿上班吗……我每天都会路过这里，我不仅仅只会扔给你一个硬币，还会每天送给你一个鼓励的眼神，我觉得……有时候做一个乞丐也不错的，尤其像你这样有思想的乞丐。

上帝还想进一步阐述，一个衣着非常体面的男人出现在乞丐面前，女人马上向他扑了过去，娇声道：Darling，你怎么现

在才来啊。体面男人轻拥着她，微笑着对她说：哦，宝贝儿，等急了吧……这个人这么脏为什么离你这么近？走开！看着他们离开，上帝还想说什么，一个人走过来，"啪"地扔下一个硬币。

· 爱情的归宿 ·

从前在一个遥远的岛上，住着一群原始的感觉——有"快乐"，有"悲伤"，有"谦虚"，有"贪婪"，有……许许多多的感觉。当然，"爱情"也住在这个岛上。

有一天，这个岛被告知即将要沉没，于是，大家都赶紧收拾行李，坐上自己的小船，准备逃离这个小岛，去寻找另一块土地……只有"爱情"留下来了，它想等到岛整个沉没了，再搭船离开……

可是，等到整个岛没入了海洋，"爱情"才发现自己的小船也开始沉没……于是，"爱情"决定向其他伙伴求救……

"富有"的小船是距离"爱情"最近的一艘，但是，"富有"拒绝了，因为它说它的小船已经载满了金银珠宝，载不动"爱情"……

就在这时候，"虚荣"也经过了"爱情"身边，但是，它也拒绝了"爱情"的求救，因为它嫌"爱情"全身湿漉漉的，都是又咸又腻的海水，会弄脏它华丽的小船……

"爱情"等着等着，看见"悲伤"也经过了面前，但是，"悲伤"也拒绝了"爱情"，因为它的船早已习惯了孤独一人……

不久，"快乐"也来了，但是它只顾着哼着愉快的歌，完全没有注意到"爱情"的求救……

就在"爱情"感到心灰意冷的时候，传来一位老者的声音："让我来载你吧，好吗？"

感 悟
ganwu

爱情就是两个人在点点滴滴中一起变老。只有时间，才能证明这一切。

"爱情"开心地笑了，搭上了这位老者的小船，一起离开了……

不久，它们来到了一块净爽的土地，老者放下了"爱情"，又继续自己的旅程。获救的"爱情"这才想起来，忘了问那位老者的姓名。

有一天，"爱情"碰到了一位叫"智慧"的老者，就问它那天帮助自己的老者叫什么名字。

"智慧"老者回答："它的名字叫'时间'，它之所以愿意帮助你，是因为整个岛上只有它能明白你存在的价值……"

爱情的细节

我爱上先生并嫁给他，是因为几个细节。

一次到他家里去，见他伸着两只胳膊为妹妹架毛线，粗壮的胳膊上缠着细密如丝的毛线，笨拙地一摆一摆，努力配合着妹妹的动作。偶尔毛线打结了，他就停下来，细心地解开。我一下子就被这场景感动了，陶醉了，直恨自己怎么不下点工夫，也学会打毛线。

结婚前夕和他上街购买结婚用品。当时路上人很多，车也特别拥挤。他本来习惯用右手帮我背着包，所以一直走在我的右边。忽然他绕过我的身体，站到了我的左边。我不解地看着他，就在那时一辆小汽车擦身而过，我突然明白了他的意思。从此以后，每当我们出门，他都会习惯性地走在我的左边。后来我们继续买东西。由于我们的时间都很紧，都是向单位请假出来的，走得飞快。刚要走进电器商场，见一个小女孩在商店门口哇哇大哭。他掏手机拨打了110。可不知什么原因，那天的110来得有点晚。我催促道，没事了，快进去买东西吧。他说，还是再等一会儿吧。足足等了半小时，110才到。看到小女孩被带上警车，他才拉我进了商场。结果，还没挑选好电

感悟
gǎnwù

生活是由小事组成的。爱与不爱，全在一个个小小的细节里。细节的重要，比如一条珍珠项链，如果一颗珠子失落了，其他的珠子也会随之散去。

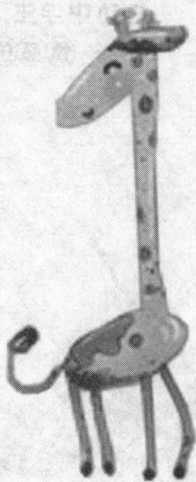

器，商场就打烊了。其实，当时他已经用不着向我表现什么了，婚期已定，只要他不是十恶不赦的坏蛋，我都会嫁给他。那不过是一种本性的真实流露：他是一个负责任的人。既然他对素不相识的人都能这样，何况对我呢。

参加朋友的婚礼，听他决定与她牵手的理由，竟也是一个美丽动人的细节。两人一起逛超市，她爱吃零食，他给她买了一盒果冻。她拿小勺舀了一勺果冻，第一口，不是送进她的嘴里，而是笑着送进他的嘴里。当时，他的心里甜蜜极了———因为她愿意把她对他的爱不管不顾地表现在大庭广众之下，并且这么实在，又这么浪漫。

爱情的真谛

一天，一个男孩对一个女孩说："如果我只有一碗粥，我会把一半给我的母亲，另一半给你。"小女孩喜欢上了小男孩。那一年他14岁，她12岁。

过了10年，有一天村里突然山洪暴发，所有的人都在逃命。他不停地救人，有老人，有孩子，有认识的，有不认识的，唯独没有亲自去救她。当她被别人救出后，有人问他："你既然喜欢她，为什么不救她？"他轻轻地说："正是因为我爱她，我才先去救别人。她死了，我也不会独活。"于是他们在那一年结了婚。那一年他24岁，她22岁。

后来，全国闹瘟疫，他们不得不逃出了村，沿途乞讨为生。那天正值下大雪，很多人家都关门闭户，他出去讨了好久才讨到半个馒头。他舍不得吃，让她吃；她舍不得吃，让他吃！推让中，馒头掉在了地上，骨瘦如柴的大黄狗忽然跑过来叼走了馒头。两人笑了。当时，他44岁，她42岁。

因为祖父曾是地主，他受到了批斗。在那段年月里，"组织上"让她"划清界限、分清是非"，她说："我不知道谁是人

民内部的敌人，但是我知道，他是好人，他爱我，我也爱他，这就足够了！"于是，她陪着他挨批、挂牌游行，夫妻二人在苦难的岁月里接受了相同的命运！那一年，他54岁，她52岁。

许多年过去了，他和她为了锻炼身体每天去练剑。这时他们住到了城里，每天早上乘公共汽车去市中心的公园，当一个青年人给他们让座时，他们都不愿坐下而让对方站着。于是两人靠在一起手里抓着扶手，脸上都带着满足的微笑，车上的人竟不由自主地全都站了起来。那一年，他74岁，她72岁。

她说："10年后如果我们都已死了，我一定变成他，他一定变成我，然后他再来喝我送他的半碗粥！"

缝隙的爱情

那是他们年轻时候的事情了。文文和万竹在一个学校里读书。谢娟在北方一个气候严寒的城市读书。文文和万竹并不是很熟悉，他们认识，是因为文文当时的男朋友陆明和万竹住一个宿舍，万竹和谢娟是情侣。

大学毕业那年，文文和万竹同时被美国一所著名大学录取。谢娟留在了那座北方城市教书。而文文男朋友陆明则放弃了保送资格，去了南方的一个城市，和一帮哥们一起，办了一家电脑公司。谢娟和陆明一起去机场送文文和万竹，谢娟和文文哭成泪人，陆明和万竹"男儿有泪不轻弹"，却也眼圈红红。文文和万竹同时说："我明年就回来看你。"

文文和万竹来到美国，什么都很陌生。功课很紧，又很孤单。自然地，他们两人不时地在一起，回忆些什么，或说些想家的事。没多久，他们心里都觉得两人是在相依为命了。白天他们没课时就在一起吃饭，去图书馆念书，晚上该睡觉时，回到各自的住处。谢娟每个星期都给万竹写信，告诉他她多么想

念他，多么急切地盼望和他相聚。文文每个月都给陆明打电话，告诉他她是多么想念他，多么急切地盼望和他相聚。每隔几天他们都会收到各自另一半的来信。

"万竹，我知道我不是个很贤惠的女孩，可是，我唯一的心愿就是给你做个好妻子。这么多年了，你早已是我的一部分。我无法想象没有你的日子会怎样。我每天都在祈祷上苍，让我们快点团聚，圆满这似海深情。我业余在上烹调班，只为我能做一个使你幸福快乐的妻子。"谢娟和万竹是小学同学，算是青梅竹马。

"文文，我们的公司很成功，短短几个月时间，我们已经建立了自己的信誉并已开始盈利。这是块充满机会的地方，只要有能力有勇气，谁都有成功的可能。我后悔让你出去，我相信我们在一起会干出一番相当大的事业。我的愿望是你明年回来时，我能用自己的车去接你。"文文和陆明是在 BBS 上认识的，后来文文想出国，希望陆明陪她去，陆明却不想再念书，他想早点创出自己的事业来。他是个体态高挑气质文雅的男孩子，有玉树临风之质。

然而时间久了，半球那边的爱遥远起来。再厚的信笺和再高的电话账单都解除不了异国他乡的孤独和寂寞。北美的季节从漫山红遍的艳秋，落进洁白如棉的冬天。圣诞节的大学城，死一般寂静。文文和万竹在毫无人迹的街道上缓缓而行，落寞凄冷的灯光把他们的影子拼合又拉开。他们想去餐馆吃饭，不管是中国的还是美国的，让自己也有点节日的气氛，但路边的所有店面都门窗紧闭。他们都还没有车，钱都花在电话上了，也去不了任何别的地方。他们都不说话，寒风刺骨，两人都把臃肿的羽绒服帽子系在头上。很饿了，他们只好在街口的一家方便商店花了一块钱买了两个热狗，每人一个。这是整个镇上唯一一家开着门的店。

不知什么时候下起了雪，一群年轻人尖叫着跑出来。这是

美国人的节日，不属于文文和万竹。鹅毛般的大雪飘落在两人身上，美丽的文文就像一个可爱的雪人。万竹忽然忍不住想抱抱文文，但伸出去的手最终还是落在了文文肩膀上。"我们回去吧，太晚了，路不好走。"万竹叹了口气。

"万竹，我好难过。"文文泪水盈盈地说。万竹叹口气，在她肩上拍了拍。

走到文文的住处，她说："进来坐一会吧，我的室友们都走了。我们弄点什么吃的吧。"

文文在沙发上坐下，和万竹一起吃着她煮的方便面，面里加了些蔬菜和鸡肉。半年来，文文几乎每天都这样吃。屋里的暖气开得挺高，万竹吃得有些冒汗。

"万竹，慢慢吃。不够我再煮。"文文若有所思地说。她是个小巧的女孩子，瘦瘦的脸，尖尖的下巴，总是一副很忧郁的样子，怎么看，都让人觉得她弱不禁风。

万竹是个很普通的男孩。中等的个子，黑黑的，稍胖，一点也不潇洒。但他很聪明，对物理如痴如醉，书念得很出色。谢娟从上中学时就对他佩服得五体投地。她爱他的智慧，她常说。谢娟数理化总考不及格，高二时，不得不去念文科。

文文坐在桌前梳头发。她有一头浓密柔软的黑发，长及腰际。她穿一件黑色的高领毛衣，是妈妈在她出国前连夜给她织的。她的尖尖细细的手在脑后很灵活地编着辫子。万竹有些痴了。他拿起文文放在桌上的数码相机，对着她按下了快门。那个瞬间，文文典雅纯情宁静忧伤，像是冬夜里天上的星星。

就是那天晚上，他们发现他们彼此相爱，尽管他们不知道是不是因为孤独他们才相爱。

那天晚上文文一直在流泪。她枕着万竹的手臂，看着没有拉下窗帘的窗外，雪在树枝上闪着银色的光。她听得见雪落的声音。但她的心里什么都没有，她没有想起陆明，也没有想起谢娟。她不知道万竹睡着了没有，她没听到他的呼吸。万竹把

那块家传之宝——一块羊脂般的玉佩挂在了文文的脖子上。

从那以后，文文都和万竹一起过周末。一向的孤寂让他们彼此靠近，可是彼此内心又痛苦无比。谢娟写信来，好几个星期不见万竹的回信，打电话来，也找不到万竹。她从陆明那儿要来文文的电话，对文文哭着说："万竹到底怎么了？我好担心。出什么事了吗？"文文告诉她万竹只是很忙，每个来美国第一年的人，都会很忙。万竹一切都好，不用担心。那个时候万竹就在文文的身旁。

渐渐地，谢娟不再打电话来追问万竹，好像她真的明白万竹在国外很忙。文文依然陪在万竹身旁，也依然每周给陆明打电话。

第二年秋天，他们一起回国了。陆明已经是公司的董事长了，他开着那辆"蓝鸟"来接文文。文文和陆明结婚了，出国前文文已经答应了陆明的求婚。谢娟已经嫁给了别人。文文结婚那天，万竹喝得最多，话也最多。婚礼过后，万竹一个人回到了美国。

柳叶又泛红的时候，文文寄来了一个小女婴的照片，女孩很漂亮，有一头柔软的黑发，照片上小女孩的脖子上挂着一块羊脂般的玉。

· 心的距离 ·

他，是一个极为普通的男生，善良，孝顺，富有爱心和同情心，重感情，思想有些禁锢。他来自农村，是家中的长子。

她，是一个活泼可爱的女孩，给男孩的第一印象是难以把握，其实她是个极尽追求爱情的人，为了感情她可以放弃保护自己，直到被别人无情地伤害。她的父母都是高级知识分子，她是家中的乖乖女。

他们是在新生晚会上相识的，初次的相识是浪漫的，她和她过去的故事留给他很深的印象，他从来没有见过一个这样执著追求爱情的人，他明白她就是他今生一直在找的那个纯洁善良的女孩。但是她的感情曾经给过别人，这个事实让他沉浸在矛盾和痛苦中。他们都追求杨过和小龙女那种生死相许的爱情，他过去一直以为自己是杨过那样的性情中人，而今天面对着他的小龙女，他却没有杨过的胸怀去接受。

一个月的时间，他们的关系凝固了。他一直在想她，专业课考得一塌糊涂，做什么都无精打采；而她也一直把自己掩埋在悲哀中，她的心被他深深地刺痛了。他们一直在网上逃避着对方，其实心里却在时刻关心着对方。

直到有一天，他从朋友那里知道她病了，他急忙去看她，当两颗逃避的心碰到一起的时候，一切的一切都似乎不能再是理由了，他们相爱了。

最初的日子是十分美好的。从那一刻，他终于明白了今生所追求的就是同她双宿双飞，为了这份感情，他可以付出一切，生命、事业、家庭……他炽热的爱情在融化着她被伤害过的心，她爱他爱得好绝望，因为她害怕再失去，害怕再受到伤害。

矛盾最初出现在一件小事情上，他把本命年的红腰带送给她，那是他在乡下的母亲亲自为他缝制的护身符，他想把这份祝福送给他最心爱的人，在他的家乡这是表达爱的一种很神圣的方式。而从小生活在城市中的她，并不懂得这种方式，她把红腰带还给了他，这很伤他的心，即使后来她不停地解释。他们不同的生活环境和文化背景让他们之间开始产生了矛盾和误会，这些让彼此都活得很累，他们都十分苦恼。他变得沉默寡言，她也向网友寻求帮助。她不知道他心里在想什么，她不想看着他们的爱情由于这些观念的不同出现裂痕，她要他们的爱情直到永远。因为她太在意这份感情。

感悟
ganwu

原来，距离是永远不可跨越的天堑。原来，相爱的人也是有距离的。

春节到了，他把她带回家给他父母看，老实巴交的父母非常喜欢她。可是她却无法容忍这里的落后，尽管她竭力装出不在乎的样子。没多久他们就回到了学校。

　　过年的时候，她不愿和他回到乡下，他陪她去了她家。可是她的父母并不认可他，虽然他很想和他们好好谈谈。他失望了，他的自尊受到了伤害，他不愿意这样抬不起头。他几乎决定放弃了，在这最矛盾的时候，情人节，她从家中搬了出来，她和父母吵翻了，她决定再也不回去了。看着她冻得通红的脸，他的心猛然疼痛起来，他震撼于她那种对爱的执著，感动于她那种对爱的无悔无憾，憧憬于同她美好的未来。他放下一切自尊，不再犹豫地选择了她，选择了永远爱她，选择了同她遵守一生的诺言。他要同过去告别，同她开始新的生活。他们终于结婚了，幸福就在前面等着他们。

　　就在这个美好时刻，女孩被父母押着去加拿大留学，因为这份学业是她在加拿大的叔叔为她苦心安排的。她不想辜负他们的用心良苦，虽然她说她只想同他在一起。机场分别对于两个真心相爱的人来说是残忍的，她用一生的时间也忘记不了他最后那不舍的眼神，他用一世的岁月也无法忘记那一刻对她的眷恋。

　　他找了一份新工作，一边等待半年后的重逢，一边很辛苦地学习英语，思念在漫长的等待中蚕食着彼此的心。半年后的一天，他突然提出了分手，因为她的父母突然寄给他一张照片。照片里她拥着一个帅气的男孩，很阳光地笑。他一下愣住了，她的父母说这是她在加拿大的新男友。他的心开始不停地痛，他不相信。可是没多久他们又给他寄来了另一张她和那个男子拥吻的照片。他开始喝酒，整天不停地喝，他开始矛盾，开始怀疑，开始痛恨。他的朋友也在劝他离婚。他们说她是一个水性杨花的女人，一个玩弄男人感情的女人，还给他举出身边的一个个活生生被女朋友甩掉的痴情汉的例子。面对着这么

强大的压力，脆弱的他开始动摇了，他无法忍受没有自尊的日子，他无法忍受为了这个女孩家破人亡的结局，他那本就患得患失的心已经脆弱到了极点。于是，他开始上网偷看她的信箱，当他看到她同一些男朋友"过分亲热"的书信的时候，当他自认为他找到了她背叛的证据的时候，当她的父母嘲笑他的时候，他彻底崩溃了，他妥协了，他给她寄了一封信，是一封离婚协议书。然后他走了。

不久她回来了，带着一个和她长得一模一样的女孩，那是她一直在国外长大的孪生姐姐，还有那个很帅气的男孩。

爱情的橡皮筋

爱情是一根橡皮筋，让我们彼此的心分别被系在两头，感受着那种向着对方的牵引力。可时间一长终于有一天，那原本强大的牵引力慢慢消失，拉得太长太久的橡皮筋终究断了。

我和他认识已经有六年多了，三年半的恋爱里，只有一小部分的时间是在一起的，高三时他说他喜欢我，我好高兴，不过那个时候总想，一切等考上大学再说。

后来，我去了南方的一座城市，而他考上了北方的一所军校。我们的爱情就在南北之间展开了拉锯战。来到学校，发现两个人一下子离得那么远，在这个陌生的城市，我真的是非常非常想念他。我们不停地给对方写信，打长途电话……所有可以把我们联系在一起的通讯方式我们都用上了，就好像是有一根橡皮筋在我们中间，虽然我们被固定在相距千里的地方，但有股向对方靠近的力量，很强很强。

看着校园里面来来往往的男生女生，一对对手拉手走在路上，看着小女生轻轻巧巧地跳上男朋友的车子，看着男孩子在楼下等着，装出一点不着急的样子……我就会幻想如果他在，我们会怎样。开始的时候，这样的想念是幸福的，我知道他也会想我，不管我们离得多远，我们的心总是在一起的。尤其是每次收到他的信的时候，不管身边的人们过着什么样子的日子，我都觉得自己是最幸福的。

尽管在空间上，他离我真的很远很远，可是他给我的那些无微不至的关怀，总是让我觉得，他就在我身边，仿佛我一抬头，他就会在某个路口对着我微笑。我一直是个大大咧咧的女孩子，而他每次写信打电话总是会提醒我：明天会有冷空气，要注意保暖；他不许我减肥，一日三餐都要吃好，有时候我都觉得他把我宠坏了，那个时候我觉得距离其实不算什么，觉得异地的恋爱也是一件很甜蜜的事情，因为我们是真的很喜欢彼此，哪怕天涯海角，只要他心里有我，我心里也有他，就是一种难得的幸福。

　　可是他不能来看我。他是军校的学生，虽然他可以给我写信打电话，但毕竟时间有限，有时需要紧急集合，就不得不放下电话，依依不舍地道别。三年多，他只来看过我一次。从他那里过来，坐火车要 20 个小时，来回就是两天。记得那一次是快放假的时候，我像往常一样准备自己打包回去。当我拎着沉甸甸的背包下楼的时候，居然看见一个很像他的人站在那里，我都不敢相信自己的眼睛，他就那样跑来，来接我，也不告诉我一声，就在那里等着。那一刻是我今生最幸福的日子。

　　每年的寒暑假，我们回到家，那时候的日子真好，几乎天天见面来补上几个月以来的思念，那个时候就像橡皮筋终于拉近了，我们被紧紧束在一起。还记得有一次开学，我比他先回学校，他送我上火车，我在车上，他在站台上，拉着手说话。过了一会儿，火车就开了，他一步步跟着，然后跑起来，很努力地跑，火车还是越开越快，他人影还是越来越小，但是他那个时候对着我开始大喊"我爱你"，我眼泪一下子就都掉了出来，不知道自己是心醉还是心碎。

　　那几年里，我们经历了好多次相聚和离别，我们之间的关系像一根橡皮筋一样：不断地被收短，再拉长……拉长的橡皮筋总给人不自然的感觉，我也希望像别人的校园恋爱一样，有着自然的距离，不是那样，被硬生生地拉长，而且，拉得那么

长。我们说过，等读完了大学，我一定要去他那，和他生活在同一个城市的天空下面。

可是日子慢慢地过去，我们的热情被一种平淡的感情代替了，联系不那么频繁了，而且一开始那样的日子也让彼此的成绩都不怎么好，后来我们都把一些精力放到了学习上，不再写信打电话浪费时间。久而久之，我开始觉得空空的。寂寞和孤单对于一个女孩子来说很可怕，而且我很少和别的男孩子接触，拒绝了几个对我有好感的男孩子，因为我爱他，我心里住不进别人。后来，慢慢地，我发现，自己不管遇到什么事情，都只好自己解决，自己搬东西，自己修电脑……也许这几年的日子，也让我独立了很多，虽然他宠我，但是我在一个他力所不能及的地方。

我曾经傻傻地算过，我们之间，有着一条 1 500 公里的铁路线，如果绕操场跑，那要跑 3 750 圈，如果真的跑了这么多，能和他见面，我愿意天天跑。可是，相思比铁轨还长，我无法到达的是心路上的遥遥无期。

那种无助的寂寞让我明白，自己想要的东西非常简单，就是有一个人可以在我身边，分享我的欢笑和眼泪。而我们的感情，只是维系在一些现代化的通讯方式上面，就算我每天告诉他身边发生的一切，可是距离还是实实在在地存在着，他伸不出一只可以够得到我的手。

我那时候想，既然过的就是这样一个人的生活，为什么我还要图那么一个两个人的虚名呢？我们那个时候都很忙，有时候几天几夜也不联系，一开始我还有些赌气，想他不理我我也不理他，后来慢慢地就变成了一种习惯，一个礼拜通一个电话，都是淡淡的，几分钟就可以把话讲完，不像以前，电话好像怎么挂也挂不掉。我再也没有以前那么多的细碎的心情想跟他分享，只是跟他说，我现在挺好的，就是忙了点。那些不快乐，我早就学会自己消化了，快乐的事情，我也不知道怎么样

再拿出来和他分享。

我们就好像是一段聚少离多的爱情马拉松，后来都累了，跑不到我们希望的终点，我们分手了，没有多说什么，很平静地分手，是我提出来的，他没有说什么，除了说对不起，让我自己好好照顾自己，然后就彼此不再联系了。大家也都忙，真的是顾不上了，太久的分离也让我们习惯了没有彼此的感觉，分手仿佛是一件顺理成章的事情。

大四要毕业了，他留在了那个小山区，而我也在这座城市里联系好了自己的工作，我们谁都没有再提要对方过来。终于他来信了，说："我们做好朋友吧。"我的心突然觉得豁然开朗，如释重负，原来这份爱情已经不堪重负了。那根爱情的橡皮筋已经弹伸过了头。就这样我们彼此天各一方，再也没有见过。

说到底，我们到底没有经住这段距离的考验，真是可笑，我们曾经那么热烈地追求过，积极地为爱奔跑着，可是我们的缘分却早已结束了，因为断掉的橡皮筋，没有连起来的可能。

懦弱的伟大

有一对情侣，男的非常懦弱，做什么事情之前都让女友先试。女友对此十分不满。一次，两人出海，返航时，飓风将小艇摧毁，幸亏女友抓住了一块木板才保住了两人的性命。女友问男友："你怕吗？"男友从怀中掏出一把水果刀，说："怕，但有鲨鱼来，我就用这个对付它。"女友只是摇头苦笑。

不久，一艘货轮发现了他们，正当他们欣喜若狂时，一群鲨鱼出现了，女友大叫："我们一起用力游，会没事的！"男的却突然用力将女友推进海里，独立扒着木板朝货轮游去，并喊道："这次我先试！"女友惊呆了，望着男友的背影，感到非常绝望。鲨鱼正在靠近，可对女友不感兴趣而径直向男友游去，

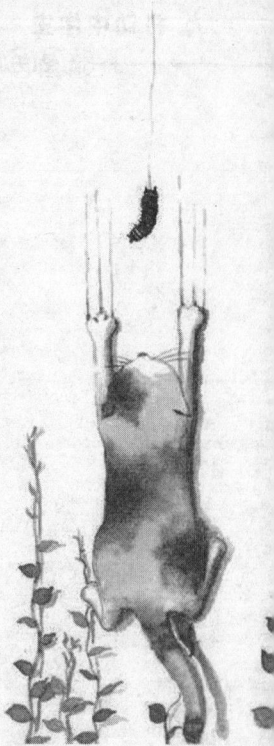

感悟
ganwu

爱就是无私地付出，无畏地呵护；爱就是超越卑微，爱就是用生命来证明。

男友被鲨鱼凶猛地撕咬着，他发疯似的冲女友喊道："我爱你!"女友获救了，甲板上的人都在默哀，船长坐到女友身边说："小姐，他是我见过最勇敢的人。我们为他祈祷。""不，他是个胆小鬼。"女友冷冷地说。"您怎么这样说呢？刚才我一直用望远镜观察你们，我清楚地看到他把你推开后用刀子割破了自己的手腕。鲨鱼对血腥味很敏感，如果他不这样做来争取时间，恐怕你永远不会出现在这艘船上……"

爱情神话

一天夜里，男孩骑摩托车带着女孩超速行驶，他们彼此深爱着对方。

女孩："慢一点……我怕……"

男孩："不，这样很有趣……"

女孩："求求你……这样太吓人了……"

男孩："好吧，那你说你爱我……"

女孩："好……我爱你……你现在可以慢下来了吗？"

男孩："紧紧抱我一下……"

女孩紧紧拥抱了他一下，女孩："现在你可以慢下来了吧？"

男孩："你可以脱下我的头盔并自己戴上吗？它让我感到不舒服，还干扰我驾车。"

第二天，报纸报道：一辆摩托车因为刹车失灵而撞毁在一幢建筑物上，车上有两个人，一个死，一个幸存……

驾车的男孩知道刹车失灵，但他没有让女孩知道，因为那样会让女孩感到害怕。

相反，他让女孩最后一次说她爱他，最后一次拥抱他，并让她戴上自己的头盔，结果，女孩活着，他自己死了……

感悟 gonwu

就在一会儿的时间里，就在平常的生活里，爱向我们展示了一个神话……

爱情的三个瞬间

一生的爱情，其实不过是三个瞬间。

第一个瞬间，发生在大二的课堂上。她与邻座的他聊得十分投机。他知道她是武汉人，快下课的时候，他问："我以后到武汉玩，去找你，好不好？"她说："当然好。"顺手撕下一张笔记纸，草草画张地图给他。

第二个瞬间，是在毕业的火车站上。喊着，哭着，挥着手，送走一个同学又一个同学，最后的站台上，只剩下他们两个人，北方的后半夜，6月也是凉的，星都黑的时分，他突然说："你知道吗？我一直爱着你。"

她惊愕地抬头，看见他的脸，霎时间恍然明白了，何以那些看见他的日子，便连阳光也格外炽烈。她几乎要狂呼："我也是呀。"但火车呼啸而来的声音吞没了一切。

后来，她给他写下一封又一封的信，却一无回音，她亦无从追究：是地址错误，还是……一颗错误的心。以为自此往后，便是两不相忆，却在深夜梦见他向她走来，仿佛有千言万语要倾诉，却只是哀痛地，静默地，转过身去……她大惊坐起，长坐至黎明。

而第三个瞬间，是6年后了。她去上海度蜜月，温厚疼惜的丈夫无论如何也不明白，她何以一定要在一个叫安庆的小城市停留一天，寻访一位老同学。

而他给过她的地址，早已是一片荒芜——整条街都已拆迁。尘灰茫茫的街头，他们不知找了多久，问了多少人，才有一个男孩惊异地说："他是我哥呀。"

隔了6年时光重逢，却恍如清晨刚刚分手。他淡淡地说："来了？"她亦回："来了。"

还是生分了，只聊几句闲话。他的工作不算好，他笑一

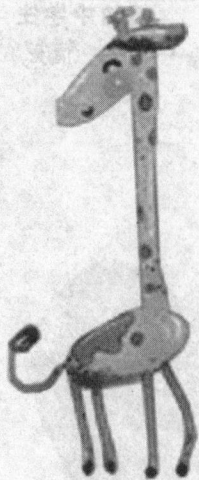

感 悟
ganwu

生命中总有些美丽的错误无法预料，就像总有些冷酷的分离无法避免一样。

147

笑："我差一点儿就去了武汉，工作、关系都安排好了，我父亲……去世了。家里，母亲、弟弟……没走成。"

——那也就是她梦到他的时候吧？

才坐了一会儿，黄昏便在刹那间来临，见丈夫低头看表，她起身告辞，说着惯常的客套话："来武汉，到我家玩，你知道地址吗？"他说得平常："我知道。"回身拉开抽屉，从最上面取出一张纸——

那是8年前，她顺手撕下的一张纸，墨色早已褪得极淡，却有一支箭头，依然清晰地，指向她的家……

只是三个瞬间啊，便收拾了她一生的情爱。

平凡的爱情

和所有恋爱的人一样，经历了一番轰轰烈烈的爱情以后，她和他终于走进了婚姻的殿堂。可是和他结婚以后，她就觉得自己婚后的生活和想象的相去甚远。婚姻不像爱情，往往是多了琐碎和枯燥，少了激情与浪漫。当她不得不每天都面对这样单调而又乏味的生活时，她感觉自己的心在一点点磨平，生活如同白开水一样索然无味。婚后他们彼此还算恩爱，但也经常吵架，常常是因为一点鸡毛蒜皮的小事就吵起来了。而且他也不像过去那样处处迁就她让着她了，她觉得男人真是虚伪，一结婚就变了一个人，根本就不像恋爱的时候那样宽容忍让。如今她对他使小性子，丈夫一般是置之不理或沉默，甚至有的时候还和她争执一番，再也不像从前那样宠着她了。虽然有许多情感她始终无法释怀，可是毕竟她对这种死气沉沉的婚姻的忍耐是有限的。终于有一天，两人大吵了一架后，她忍无可忍地说出了那两个字："离婚。"他立即就说："可以，现在就去。"

她绝望了，于是起身去换衣服。想着和他的过去，心中有万般不舍，可是现在他对她全然不再迁就，也不再是那个呵护

她的人。当找出前天上街时和他一块买的新衣服，发现商标还未去掉。她本想自己拿剪刀剪去，可她不知道剪刀在哪，这些东西被他视为危险物，一直都不许她碰。因为她是个太粗心的女孩，总会伤到自己。无奈她叫了他一声，他很快给她拿来了剪刀。他递给她的时候，是把刀尖对着自己的，刀把给了她。她忽然愣住了，站在那儿许久没接。刀口对着自己，一直以来他都是这样做的，这是他的习惯啊。

她慢慢放下了衣服，不再说话，回到自己的房间。她看到了那台电脑，那是她工作的伙伴。可是她只会用电脑打字，却总把程序弄得一塌糊涂，然后对着键盘哭，每次都是他给她整理程序；她出门时总是忘记带钥匙，每次都是他跑回来给她开门；酷爱旅游的她在自己的城市里都常常迷路，是他每次拿着地图把她带回家。每月"老朋友"光临时她总是全身冰凉，还肚子疼，是他用掌心温暖她的小腹……

想到这些，她哭了。她拉开门，她看见他系着围裙坐在桌子旁，桌上是她最爱吃的小菜。他向她伸出了手，他们的手紧紧地握在了一起。

·爱要怎么说出口·

不知从哪一年起，似乎已是很久，他和她一直在等待着，企盼着。

读中学时，他是班长，她是另一个班的班长。他是个英俊的少年，高高的个，白皙的脸，挺拔的鼻。她却是个丑小鸭，小小的眼，倔强而微翘的嘴。每学期年级考试总分张榜，他俩总名列前茅，不是他第一，就是她第一。可他们彼此记住了对方的名字，却从没说过一句话。每当他的身影出现在她的教室门口时，她总感觉到那双会说话的大眼睛向她投来深深的一瞥。有一次，当她惊恐却又情不自禁地向站在教室门口的他望

去时，他正注视着她，友好而纯真地朝她微笑，她看呆了。

中学毕业，他和她考上了同一所大学。他在化学系，她在中文系。在图书馆和食堂不期而遇时，他依然向她投来亲切而迷人的微笑，她则腼腆地向他点点头。每次走过化学实验楼，她都不由自主地放慢脚步，心里暗暗盼望着能出现他矫健的身影，而他，却常常冷不防出现在中文系的阅览室，心不在焉地翻阅着过期的书报杂志。直到那一次在阅览室，他们同时拿起了那本《飞鸟集》。他腼腆地笑了，他终于鼓足勇气向她要了宿舍电话。他们约定她先看那本书，等她看完了，他去她那取。虽然知道了她的电话，他还是没有给她打过电话。

直到有一天夜里，她突然生病了。恰在这时，他打来了电话。他本来在教室上自习，不知为什么忽然觉得心神不宁，强烈地想给她打个电话。终于他拨通了她的电话，知道她生病了，他立即跑了过去。看到她满头大汗昏昏沉沉的样子，他连忙背起她去了校医院。后来医生检查说是急性阑尾炎，需要立刻开刀。

她住了院，很多人都去看她。她是班长，人缘一直很好，还有几个男生一直围在她身旁。她想看看他，可是他始终没有出现。他一直躲在角落里，从那个角度正好能看到病房里的她。她躲在被子里读泰戈尔的《飞鸟集》：天空没有翅膀的痕迹，而鸟儿已飞过……

三年级时，他写过一封长长的信，决意在和她再度相遇时塞给她，但他终于没有做出如此唐突的举动。而她的日记里却记载着他们每次相遇时兴奋、激动的心态。一晃四年就要过去了，他和她始终保持着一等奖的奖学金，始终保持着似曾相识却又陌生的距离。

大学毕业时，他没有女朋友，她亦没有男朋友，他的哥儿们和她的姐儿们都感到不可思议。

一个读哲学的他俩的中学校友在一次同学聚会中听到他们

感悟 gǎnwù

我们心里被浓浓的爱意包围着，却在平淡的生活中徘徊着等待着，于是孤独在爱中如野草蔓延，爱却变得荒芜。

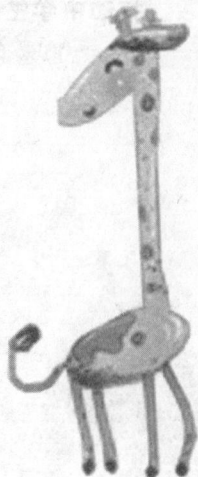

的消息，便给两个人分别寄去了一本弗洛姆的《爱的艺术》，并在两本书序言的同一段话下画上红杠。

那段话是说，大多数人实际上都是把爱的问题看成主要是"被爱"的问题，其实，爱的本质是主动地给予，而不是被动地接受。

他和她都如饥似渴地读完那本书，都为之失眠。新年的第一天，他和她都意外而惊喜地收到对方送的同样的一张贺卡。那别致的卡片上，一只叩门的手中飘落下一片纸，上面写着：我喜欢默默地被你注视着并默默地注视着你，我渴望深深地被你爱着并深深地爱着你。

蓝 星

小雅和锋的认识是很偶然的。

三年前柳絮飞舞的春天，小雅考上研究生来到这座风光如画的南方小城。刚来的时候人生地不熟，举目无亲，性格内向的小雅几乎没有什么朋友，每天除了按时上课，便是关在房里看书。有一天，浴室的水管坏了，屋子变成了汪洋大海。小雅拿着毛巾东堵西塞，不但不起半点作用，反而把自己弄得浑身湿透。正在一筹莫展的时候，有人敲门，同时还呼喊着隔壁宿舍同学的名字。在这千篇一律的筒子楼里弄错了方向是常有的事，小雅大声回答他："错了，去敲隔壁!"那人不依不饶地继续敲。小雅被那自信而固执的人烦得受不了了，就没好气地冲过去一把拉开了门。

是个穿工作服、有一双深邃细眯眼的大男生。他看着小雅愣住了。小雅知道自己的样子很狼狈难看，连忙说了句"你找错了"，就想闭上门。他伸手推住门，犹豫了一下，才仿佛怕冒犯了小雅一样小心翼翼地问："你家水管坏了吗?"小雅点点头，他说："我是修理工，我……可以帮你。"

就这样小雅认识了锋。锋对小雅很好，他常常跑来给小雅送吃的，也陪她去很远的地方上课。锋虽然没有念过大学，可是他会写诗。他一篇接一篇地为她写诗，尽管有些诗显得深奥，小雅并不理解。他会为她炖很好喝的排骨汤，然后静静地坚持看她喝下，汤白白的，放着红枣，他说小雅的脸色苍白，排骨和红枣能补血。终于小雅决定和锋在一起了。

有一天，锋送给小雅一个核桃大的玉坠，他说那是祖传的，据说很值钱。小雅对玉坠并没有太大的好感，因为那玉石是天然未经修饰的，表面很粗糙，只是玉石中心有一个蓝色的星形的光影，愈在亮光下，愈清晰。锋说，正是因为这片光影，所以这块玉是独一无二的，它叫蓝星。

两年后，小雅突然厌倦了这场平凡的、无波无澜的爱。锋只是一个高中毕业的修理工，毕竟他们差得太远。小雅拿出蓝星，对锋说，我们分手吧！锋拒绝了蓝星，说，我是把它和心一起送出的，心再也收不回了，我要蓝星有什么用！

锋是流着泪离开的，小雅的心有些酸，但她又感觉，男孩是不应哭的，男儿有泪不轻弹。

小雅渐渐淡忘了锋，只是在偶尔拉开抽屉，看到蓝星才会想起从前，她想从前也没有什么值得留恋的，就把蓝星送到了一家古玩店，很意外地，换到了 3000 元钱。她用这 3000 元钱买了一个钻石戒指，钻石很亮，一闪一闪的。这比蓝星好看多了！她很高兴。

小雅嫁给了一个商人，商人给她买了许多首饰和时装，只是商人总是很忙很忙，常常通宵达旦地忙，回来时带着一身的烟气、酒气、脂粉气。小雅恳求商人，你能不能多陪陪我？每当这时，商人就会甩出一沓钞票，说，去！逛商场去吧！买化妆品，买时装！你们女人不是就喜欢这个吗？

小雅茫然了，连她也不清楚，他说的究竟是不是自己想要的？

在无数个接踵而来的寂寞的夜里，那已被她遗忘了的往事又悄悄地浮现，小雅又想起了锋，想起了他炖的排骨汤和他写的诗，也想起了那被她换了戒指的蓝星，她常常一夜无眠。她的脸色更苍白了，她曾多次买来排骨和红枣，精心地熬煮，却再也吃不到往日的味道。

又一个孤独的夜，小雅打开了电视，电视上正在转播香港的一场拍卖会，一件件不起眼的东西都卖出了好价钱。当其中一件展品竞拍的时候，小雅几乎不相信自己的眼睛了！有个玉坠，叫做蓝星亮！它显然已经经过了精细的雕琢，通体晶亮，内含的幽蓝的光影熠熠生辉。最后，它以 70 万港币的高价拍卖成功。

小雅疯了似的，在首饰盒里寻找，她找出那枚钻戒，把它狠狠地掷向夜空！然后，她趴在床上，呜呜咽咽地哭了一夜，直到，再也流不出眼泪。她明白了，她失去的永远回不来了，她失去的不仅仅是一枚珍贵的蓝星啊，同时还有锋的——那一颗纯洁无价的心。

·爱情预言·

从前有一天，人的情感和特质聚会。当"无聊"打第三次哈欠的时候，"疯狂"说："我们来玩捉迷藏吧？""兴趣"颇有兴味地扬起眉毛；而"好奇"则忍不住问道："捉迷藏？那是什么？""那是个游戏，""疯狂"解释，"我闭起眼睛从一数到一百万，这段时间你们要找地方躲起来；当我数完以后，第一个被我抓到的人要代替我的位置继续这个游戏。""热情"赞成地在"愉悦"身边跳舞；"快乐"因为说服了"疑惑"和从来没对什么产生兴趣的"漠不关心"而一直跳跃。但不是所有人都想参加这个游戏。"真实"不想玩，因为他觉得："为什么我要躲起来？""优越感"认为这是一个愚蠢的游戏（事实上，是

因为这游戏不是它想出来的主意）；而"懦弱"则选择了不要冒险。

"一，二，三……""疯狂"数着。"懒惰"是第一个躲起来的，正如同平常一样，它不想离开第一块石头那么远。"信念"跑到天上，而"忌妒"躲到了靠着自己力量赢得最高树冠的"胜利"的背后；"大方"找不到一个可以躲藏的地方，因为它找到的每个地方都比较适合它的朋友：清如明镜的湖给"美丽"，树洞是"害羞"最佳的藏处，而"自由"应该跟着蝴蝶飞翔。所以最后"大方"选择站在太阳的光线底下。相反的，"自私"从一开始就找到了一个只适合自己的地方，又通风，又舒服。"谎言"躲到海洋的底部（骗人的，其实它躲在彩虹的背后）；"热情"和"欲望"跑到了火山的中间。"遗忘"呢？我也忘了，反正不重要。

当"疯狂"数到九十九万九千九百九十九的时候，"爱情"还是没找到躲的地方，因为它找到的所有地点都已经有人了。不过它注意到一棵玫瑰树，因此它温柔地躲到花丛里面。

"一百万！""疯狂"数完了开始找人。第一个找到的是躲在距离石头三步处的"懒惰"。接着它听到"信念"在天上跟上帝争吵的声音，而且还感受到"热情"和"欲望"在火山里的脉动。一个不小心，又发现了"忌妒"，当然，还有它身前的"胜利"。"疯狂"根本不需要去找"自私"，因为"自私"躲在虎头蜂的巢里。走了很久，"疯狂"也渴了。没想到，在湖里找到"美丽"和坐在湖畔不知道该躲在哪个角落的"疑惑"。接着它陆续找到了所有人。"潜能"在草地上；"苦恼"在一个黑暗的洞里；"谎言"在海洋里面（还是骗人的，它躲在彩虹后面）；"遗忘"根本忘记自己在玩捉迷藏，最后，只剩下"爱情"了。疯狂在每棵树的后面，星球上的每个缝隙，所有的山上都找不到"爱情"。就在它正要放弃的那一刹那，发现了玫瑰树和玫瑰花。它抓住了树枝，开始晃动这棵树，结果

感悟
ganwu

自从它们在地球上第一次玩过捉迷藏之后，"爱情"就盲目了，而"疯狂"总是伴随着它。

听到一声痛彻心扉的惨叫。原来玫瑰刺伤了"爱情"的眼睛。"疯狂"哭着，哀求着，请求"爱情"的原谅，并承诺当"爱情"一辈子的导盲犬。

· 我嫁给你好吗 ·

有一个女孩子，很小的时候就不会说话，没有孩子愿意和她玩，她只能常年坐在门口看别的孩子玩，很寂寞。有一年的夏天，邻居家的城里的亲戚来玩，带来了他们的小孩，一个比女孩大三岁的男孩。因为年龄都小的关系，男孩和附近的小孩很快打成了一片，跟他们一起上山下河，一样晒得很黑，笑得很开心。不同的是，他不会说粗话，而且，他注意到了这个说不出话的小姑娘。

男孩第一个把捉到的蜻蜓放在女孩的手心，第一个把女孩背到了河边，第一个对着女孩讲起了故事，第一个教她用手和别人交流。他告诉女孩只要你愿意说，总有一天你能说出话的，女孩难得地有了笑容。

夏天要结束的时候，男孩一家人要离开了。女孩眼泪汪汪地来送，一边哭一边打着手势告诉男孩，"等我能说话了，我就嫁给你，好吗？"男孩点点头。

一转眼，20年过去了。男孩由一个天真的孩子长成了成熟的男人。他开了一间鲜花店，有了一个未婚妻，生活很普通也很平静。有一天，一个不会说话的女孩来到了花店，她打着手势说她想留在这个花店，这正是那个小女孩。他早已忘记了童年某个夏天的故事，忘记了那个脸色苍白的小女孩，更忘记了一个孩子善良的承诺。

可是，他还是收留了她，让她在店里帮忙。他发现，她几乎是终日沉默的。可是他没有时间操心她，他的未婚妻爱上了别的男人。他羞愤交加，扔掉了所有准备结婚用的东西，日日

感 悟
gǎnwù

没有人知道，有时候，一个女人要用她的一生来说这样一句简单的话，也要用她的一生来等待另一句简单的话……

酗酒，变得狂暴易怒，连家人都疏远了他，生意更是无心打理。不久，他就大病一场。

这段时间里，她一直守在他身边，照顾他，容忍他酒醉时的打骂，更独立撑着那个摇摇欲坠的小店。她学到了很多东西，也累得骨瘦如柴，可眼里，总跳跃着两点神采。

半年之后，他终于康复了。面对她做的一切，他只有感激。他把店送给她，她执意不要，他只好宣布她是一半的老板。在她的帮助下，他又慢慢振作了精神，他把她当做是至交的好友，掏心掏腹地对她倾诉，她依然是沉默地听着。

他不懂她在想什么，他只是需要一个耐心的听众而已。

这样又过了几年，他也交了几个女朋友，都不长。他找不到感觉了。她也是，一直独身。他发现她其实是很素雅的，风韵天成，不乏追求者。他笑她心高，她只是笑笑。终有一天，他厌倦了自己平静的状态，决定出去走走。拿到护照之前，他把店里的一切正式交给了她。这一次，她没再反对，但仍然坚持是为他保管，等他回来。

在异乡漂泊的日子很苦，可是在这苦中，他却增长了眼界，开阔了胸怀。过去种种悲苦都云淡风轻，他忽然发现，无论疾病或健康，贫穷或富裕，如意或不如意，真正陪在他身边的，只有她。他行踪无定，她的信却总是跟在身后，只字片言，轻轻淡淡，却一直让他觉着温暖。他想是时候回去了。

回到家的时候他为她的良苦用心而感动。无论是家里还是店里，他的东西他的位置都一直好好保存着，仿佛随时等着他回来。他大声叫唤她的名字，却无人应答。

店里换了新主管，他告诉他，她因积劳成疾去世已半年了。按她的吩咐，他一直叫专人注意他的行踪，把她留下的几百封信一一寄出，为他管理店里的事，为他收拾房子，等他回来。

他把她的遗物交给他，一个蜻蜓的标本，还有一卷录音带，是她的临终遗言。带子里只有她回光返照时宛如少女般的轻语："我……嫁给你……好吗？……"抛去27年的岁月，他像孩子一样号啕大哭起来。

名人的爱情故事

有着"战神"之称的美国名将乔治·巴顿（1885—1945），从小就恪守着家族的信条："勇敢战斗！千万不能辱没家族的荣誉！"在他斯巴达式的人生追求中，同样伴随着一支不同凡响的爱情协奏曲，帮助他走向成功的巅峰。

巴顿少年时代酷爱体育，饱读历史，他粗犷的性格、不凡的谈吐、俊美的脸型和充满阳刚之气的身体就如同大卫的雕塑，有一股令少女们心动的男子汉气概。凭着优越的家庭地位和良好的自身形象，不知有多少美丽的少女倾心于他，但他的择偶标准十分苛刻。巴顿曾公开宣布："我要找个能理解死的人！""我要的女人，应该像战士一样不怕牺牲。"这一标准让姑娘们望而却步。

1902年夏天，巴顿一家来到圣卡特林纳岛度假，在这里，巴顿结识了富商之女比阿特丽丝·拜林·艾尔小姐。她身材苗条，面庞清秀，像天上的云朵一样纯洁。巴顿经常和比阿特丽丝一起玩耍。一天午后，在"捉特务"的游戏中，巴顿只身跑进岛上的原始森林中，不慎跌进一口废弃的陷阱中，身上多处受伤，但他忍着伤痛，用随身带的猎刀在井壁上挖出脚蹬，爬出了陷阱，终于脱险走出了森林。这次历险让巴顿因祸得福，他过人的意志赢得了比阿特丽丝的好感，两人从此陷入热恋。面对心爱的姑娘，巴顿豪情万丈地宣布："我一定会成为一名出色的将军！"

巴顿考上西点军校后，痴情的比阿特丽丝周末常专程从波士顿赶到西点与巴顿约会。他们一起去攀登悬崖、郊游和野

感悟
ganwu

伟人也有平凡的爱情，虽然平凡，却足以光照一生。

餐。在巴顿那里，比阿特丽丝了解到不少军事知识和体育常识。巴顿则向比阿特丽丝学习法语、文学，有时甚至把自己的诗作拿出来让她帮助修改。

在交往过程中，巴顿也在试探比阿特丽丝对战争和死亡的看法。他告诉自己的心上人："我想最美好的死法是，让战争结束的最后一发子弹打在我的脑门上。"比阿特丽丝则笑着回答："那么我希望战争永不结束。"巴顿欣喜地发现自己找到了真正的知音。

1909年，巴顿从西点军校毕业，打算与比阿特丽丝结婚，然而未来的岳丈艾尔却不同意，他不愿女儿嫁给军人，那样女儿会担惊受怕。于是这对爱侣向固执的老头发起了轮番轰炸：女儿向父亲撒娇、恳求，软磨硬泡；巴顿则登门向老头雄辩地游说："我之所以当一名军人，就像呼吸那么自然……实际上公民的最高义务和权利就是拿起武器保卫祖国。"坚冰被融化了，老头最后的疑问是巴顿是否同其他军人一样穷。孰料，巴顿的家庭竟然也拥有百万财产。于是一对富有的新人在谢里登堡的军营中举行了婚礼。

婚后，新娘子比阿特丽丝随巴顿来到军营，她放下大家闺秀的架子，在艰苦单调的军营内成为巴顿的贤内助：她帮助丈夫把粗鲁的言辞变得温和顺耳，提醒他如何待人接物，还帮助他克服自卑感。她献身于他的事业，控制他的脾气，安慰他受伤的感情，培养他的外交手腕和敏锐眼光。她还带着巴顿出席上流人士的酒会，结交了不少军界高官，使巴顿在军界获得了很好的人脉。

为支持巴顿的事业，比阿特丽丝支持丈夫自己掏钱资助研发新式坦克，还说服陆军部的7位将军前来观看。为引起他们的注意，比阿特丽丝特意穿着时髦的衣服，驾驶坦克绕场一周。尽管这种坦克被将军们否定了，但她仍一如既往地支持巴顿的研究，甚至为缺经费的巴顿部队自掏腰包买坦克零配件。

在比阿特丽丝的支持下，巴顿在战场上建功立业，扬名世界。然而，巴顿似乎仅为战争而生，"二战"结束不久，在1945年12月9日，巴顿乘车与一辆卡车相撞，颈部受重伤。比阿特丽丝以最快的速度从美国赶来，昼夜守候在病房里。12月21日下午，巴顿心满意足地长眠在妻子的怀中。

关于爱情的一个小故事

杯子："我寂寞，我需要水，给我点水吧。"

主人："好吧，拥有了想要的水，你就不寂寞了吗?"

杯子："应该是吧。"

主人把开水倒进了杯子里。

水很热，杯子感到自己快被融化了，杯子想，这就是爱情的力量吧。

水变温了，杯子感觉很舒服，杯子想，这就是生活的感觉吧。

水变凉了，杯子害怕了，怕什么它也不知道，杯子想，这就是失去的滋味吧。

水凉透了，杯子绝望了，杯子想，这就是缘分的"杰作"吧。

杯子："主人，快把水倒出去，我不需要了。"

主人不在。杯子感觉自己压抑死了，可恶的水，凉凉的，放在心里，感觉好难过。杯子奋力一晃，水终于走出了杯子心里，杯子好开心，突然，杯子掉在了地上。杯子碎了，临死前，它看见了，自己心里的每一个地方都有水的痕迹，它才知道，它爱水，它是如此地爱着水，可是，它再也无法把水完整地放在心里了。杯子哭了，它的眼泪和水混在一起，奢望着能用最后的力量再去爱水一次。

感悟 ganwu

爱情其实很简单，像蒸馏水，简单，纯净。可是自然界里没有蒸馏水。当经历一段感情之后，人们才会发现，原来：最浪漫的破碎了，最美丽的失去了，最合适的分开了，最相爱的永远不在了。

159

喊出她的名字

大三时, 校报主编给我布置了一篇校园新闻大特写, 就学生宿舍中流行挂床帘一事让我单独去采访。一天晚自习后, 我随着涌出教室的人流向宿舍方向而去。前边的几个女生边走边唧唧喳喳聊天。我赶上去拦住她们, 告诉她们我是校报记者, 询问她们女生中有多少人挂床帘, 为什么要挂床帘。她们有点不好意思, 其中有个女孩说: "为了自己的秘密不被别人发现。"

我问她什么秘密。她说: "既然是秘密就不能告诉你。"我记下她的话又和她们聊了好长时间, 这次采访我收获很大。文章刊出后在校园中引起了较大反响, 我的名字也被许多学生所熟悉。

此后不久, 同寝室的兄弟齐有一天突然要给我介绍一个他的女老乡。那时, 整天忙于学习写作的我总以为恋爱是浪费时间的事。

宿舍里的其他兄弟都起哄说: "是不是怕女孩看不上你?"我极力驳斥他们, 想证明我只是不想谈。齐说: "能证明给我们看看吗? 能打个赌吗?"我的好胜心被激发了出来, 于是我们击掌为赌, 只要我能约到女孩吃饭就算我赢。

按照齐为我们约定的时间, 某个月圆的晚上, 我们在寂寂的林荫道上见面, 女孩一肩长发, 清秀苗条。我们在月光下散步, 边走边聊, 从各自的专业到宿舍中的轶闻趣事, 气氛融洽而热烈。

很自然的, 我谈起了我发在校报上的那篇特写, 我问她属于我文章中的哪一种情况。她轻笑着说: "为了自己的秘密不被别人发现。"我惊讶地看了她一眼, 这才发现她就是几天前我采访的那个女孩。

因为肩负着击掌为赌的使命，急于成功的我当即提出交朋友的要求，女孩脸上掠过一丝红晕，低着头半天不说话。看她犹豫不决，我不失时机地加上一句话："错过我你会后悔一辈子。"

听了这话，女孩咯咯娇笑起来。分手时，我问周末能否约她出去吃饭。她思索了一会儿，答应了我。不过她要我去她楼下喊她。

回到宿舍，我向舍友汇报了战果，我很自信地说："我赢定了。"齐拍着我的肩说："革命尚未成功，同志仍需努力。"

周末我准时赴约。那时大学里女生楼不准男生进入，我又不好意思像其他女孩的男友那样在楼下喊她，恰好我在楼下看到她同寝室的人吃饭回来。于是我就请她们帮我喊一下她。

可是一会儿那个女生又下来了，她告诉我她不愿意下来。我的头"嗡"地响了一下，脸随即红了。正在我百思不得其解时，忽然听见有个男孩大声地喊"兰子"。兰子正是我约的那个女孩，我诧异地看见兰子从窗户里伸出半个身子微笑着对那个男孩说："等等，我马上下来。"

兰子和那个男孩在我的注视中走远后，我怏怏地回到了齐的宿舍。

经过这次打击，我对爱情便有点心灰意冷。自此到大学毕业我再也没有靠近过女孩子。转眼，毕业在即，离愁别绪攫着每一个人的心。大家都想让别人在留言册上多写点东西，以便尽可能多地留住大学生活。

临行前几日，我拿回了自己的册子，晚上翻阅时，很吃惊地发现了兰子给我的一张照片和一句留言：有些事别人是无法代劳的。——兰子

我觉得很奇怪，便拿过去让齐看。齐看后轻摇了一下头，说："我本不想告诉你的。"

齐告诉我，其实介绍兰子给我并不是他的主意，而是兰子

自己让他给我们穿针引线的，因为我的那次采访以及那篇文章让兰子很动心。兰子那次之所以拒绝我是因为我没有在楼下喊她，而是让别的女孩去叫她，这让她很伤面子。

兰子曾经和同宿舍的女生打赌说像我这样的男孩一定会在楼下大声喊她的名字，但最终我的行为令她失望。

我问："那天那个男孩是怎么回事?"那个男孩追兰子好久了，但兰子不喜欢他，那天兰子约那男孩和我同时过去，想等我喊她之后就与我一块出去，好让那男孩就此死心。人世间的事经常是这样阴差阳错，在爱情赌博中，我和兰子都是输家。

第6章

先天下之忧而忧，后天下之乐而乐

　　中国，这神圣而又亲切的母亲的名字，使得每一个黑头发、黄皮肤的中华儿女，从心灵深处萌生出无限的骄傲与自豪。中国，不仅仅因为它拥有5000年悠久的历史；不仅仅因为它拥有火药、造纸、指南针和活字印刷四大文明里程碑，更因为祖国母亲养育着人类1/4的浩荡部落，雄辩地证明了它强劲的民族生命力和凝聚力！

　　然而，在曾经的一个世纪里，我们的祖国承受了太多的战争、专制、愚昧和贫困的煎熬。百年忧患，百年屈辱，中国人民告别了苦难的往昔，正一步一步迈上强国之路。

　　历史是一天天写成的，我们的中国，走过了5000多年的峥嵘岁月。在漫长的历史河流中，大多数华夏儿女没有惊天动地的伟业，却实实在在创造了和正在创造着平凡而伟大的中国。为了在新的千年里实现中华民族的伟大复兴，我们凭信念拓宽理想的道路，献给祖国我们火一样的赤诚；我们用智慧推动创造的车轮，带给祖国花一般的前程。腾飞吧，我们的祖国。

伟大的爱国诗人屈原

屈原，战国时楚人，是我国文学史上最早的伟大诗人。屈原出身于和楚王同宗的没落贵族家庭，因其"博闻强志，明于治乱，娴于辞令"，应对诸侯，后任三闾大夫，对内主张修明法度，举贤授能，对外坚持联齐抗秦，以楚为中心统一中国。那时候奸佞党人横行，屈原受到腐朽贵族集团子兰、靳尚等人的攻击，楚怀王不能明察。约在楚怀王二十五年左右，屈原被放逐到汉北。从此，楚国国势日益衰微，怀王又受到秦国使臣张仪的欺骗，与齐绝交，使楚陷于孤立，两次派兵攻秦，结果损兵折将，失去汉中300公里国土。怀王晚年，不听屈原劝阻，在子兰等人怂恿下，去秦讲和，被秦扣留，客死于秦。顷襄王继位后，继续对秦执行投降政策，屈原又因此批评旧贵族集团误国，继续受到子兰等人的迫害。约在顷襄王十三年左右，再次被放逐到江南一带。屈原虽被疏远，但仍矢志不悔，依然严守着他的"美政"理想，怀着一颗为国为民的火热的心奔走于楚国的土地。顷襄王二十一年，秦将白起攻破郢都，屈原觉得无力挽救楚国危亡，政治理想无法实现，极端悲愤绝望，写了《哀郢》《怀沙》后，相传在旧历五月五日这一天，自沉于湘水附近的汨罗江，选择了"宁赴湘流，葬乎江鱼腹中尔"，以自己的生命作出了最后一次抗争，谱写了一曲壮丽的爱国主义乐章……从此五月初五就被作为纪念屈原的节日，名为端午节。

虎门销烟

19世纪初，鸦片开始大量输入中国。外国鸦片贩子不顾禁烟法令，贿赂清朝官吏，勾结中国私贩，肆无忌惮地进行走私活动。鸦片的大量输入，严重损害吸食者的健康，大量白银外流，破坏社会生产，影响了人民生活，也使得清朝的吏治愈益腐败，军队更加失去战斗力，财政陷入危机。

道光十八年，鸿胪寺卿黄爵滋上书道光帝，痛陈鸦片祸害，主张严惩鸦片吸食者。湖广总督林则徐奏称："鸦片危害巨大，若不认真查禁，数十年后，中原几无可以御敌之兵，且无可以充饷之银。"1838年12月31日，道光帝任命林则徐为钦差大臣，到广东查禁鸦片。

林则徐于1839年3月10日抵达广州，在两广总督邓廷桢的合作下，依靠广州人民开始禁烟。林则徐宣称："若鸦片一日未绝，本大臣一日不回！"3月18日，林则徐命十三行颁布谕帖，严令外商缴出鸦片，并保证以后不再贩卖鸦片。3月24日，英国驻华商务监督义律从澳门潜入广州洋馆，阻止外商交烟。林则徐一面派兵监视洋馆，封锁广州、澳门之间的交通线，一面晓谕英商，论理、论法、论情、论势，说明必须禁绝贩烟。3月27日，义律被迫递函允缴鸦片。4月11日，林则徐、邓廷桢亲抵虎门验缴鸦片。从4月12日至5月21日，共收缴鸦片19 187袋，余8箱留为样品，后来销毁。6月3日，林则徐在虎门销烟，经22天方销完。

正气浩然方志敏

追昔兼抚今，每每读《清贫》，长颂方志敏，不禁百感生。正气歌一曲，吾侪可洁身。元帅叶剑英当年赞诗吟：

血染东南半壁红，

忍将奇迹作奇功。

文山去后南朝月，

又照秦淮一叶枫。

几十年来，方志敏这个光辉的名字为一代代革命者所敬仰。

方志敏，原名远镇，1899年生于江西省弋阳县一个世代务农之家。他从小体弱却俊秀，在村里有"正宫娘娘"的绰号。他8岁入私塾，17岁时在乡亲们的帮助下进入县立高等小学，在校内受新文化运动的影响。1919年，方志敏以全县第一名的成绩考入江西甲种工业学校机械专业，后因积极组织学生运动被开除，1921年又考入了九江南伟烈学校。在此期间，他读到英文版的《共产党宣言》等书籍并积极宣传，被同学加上一个"社会主义"的绰号。翌年，他因病吐血，又不满教会的控制，愤然退学去了上海，并加入社会主义青年团。

1924年，方志敏加入中国共产党，并在南昌市郊创办农民协会。翌年，他又到广东向毛泽东、彭湃学习农运经验。1926年秋，北伐军进入江西时，他发动当地农民奋起支援。1927年夏，国民党反共后，方志敏潜回家乡弋阳县，以"两条半枪"起家，发动数万农民于1928年初举行暴动，又于1929年建立红军并逐步扩大。这种在本乡本土就地发动农民创建根据地和红军的方式，被毛泽东称为"方志敏式"。

1930年春夏，蒋阎冯军阀发生大混战。方志敏利用这一时机率红军独立团乘虚占领景德镇市，迅速把原先只有千余人的队伍扩大到上万人，建立了人口近百万的赣东北苏区。此后，他担任过红十军政委，又任闽浙赣省委书记、省苏维埃主席。这块面积不大的苏区，在敌人数万重兵的四年"围剿"中始终屹立，成为保卫中央苏区的战略右翼。

在家乡赣东北经过7年苦斗后，1934年末，方志敏接到中央军区命令，要他和刘畴西等率红十军团北上进入皖南，以掩护中央红军向西长征。面对这一危急形势，一些人悲观消沉，方志敏却鼓励大家振奋精神，并告别已怀孕的妻子缪敏和五个年幼的孩子毅然上路。红十军团1万余人孤军进入皖南后，连遭围追堵截，有耗无补，损失极大。1935年初，部队折返皖赣边界，遇敌拦截被冲为两段。当时，方志敏带领前卫800余人已冲出包围圈，见大部队未跟上便要返回。师长粟裕和其他同志要方志敏先去赣东北苏区，他们回去接应。方志敏却下命令让他们先行，自己率10余人趁黑夜潜入包围圈，在生死关头以高度的责任心自愿走上最危险之路。

方志敏找到大部队后马上组织突围。带伤的军团长刘畴西指挥出现犹豫，遇阻击未坚决冲锋而是折回再找路，敌军乘势收紧了包围。天黑后，饥疲不堪的方志敏在山坡上燃起两堆大火，向四周大喊："我是方志敏，快出来向我靠拢!"这样，他又集合起不少分散躲藏的干部战士，并将他们临时编成一个团。天亮后，众多敌军压来，部队再度被打散。方志敏两日水米未进，藏进一个柴窝，不幸被敌搜出。他被押到南昌后，蒋介石曾亲自出面劝降，方志敏则表示："为着共产主义牺牲，为着苏维埃流血，那是我们十分情愿的啊!"1935年8月6日夜，他被秘密处决。解放后，根据看守所代所长曾被他感动而将其十斤重镣换成三斤半轻镣的线索，在昔日刑场找到了烈士的遗骨。

早在赣东北时，方志敏便写下座右铭："清贫、洁白朴素的生活，正是我们革命者能够战胜许多困难的地方。"在战争

年代，共产党能得到最广大人民的拥护，重要原因正在于有千千万万方志敏这样的干部。当时老百姓私下都把国民党称为"刮民党"，这一称呼也决定其必然被推翻的命运。

方志敏从小多病，4岁才学会走路，21岁以后便经常吐血。他的意志却与体质相反，从入学起便一直是学生运动的先锋。1923年，他在长江船上看到外国老板及其走狗欺压侮辱穷苦中国人，便于乘客中带头喊"打"，后来他所写的《可爱的中国》便记述了这段经历。

大革命失败后，方志敏返回家乡。农会只剩下几十个干部，火器则只有从逃兵那里买来的三支枪，其中有一支还缺了半截套筒。方志敏就利用这点家底，于1928年初组织起了弋（阳）横（峰）暴动。几万农民揭竿而起，从民团和警察那里夺来几十条枪。

在赣东北斗争中，方志敏以爱憎分明著称。他对穷苦百姓送粮送衣，对欺压百姓的土豪劣绅及其走狗却毫不留情。方志敏的亲叔叔投靠反动民团血腥镇压农民，被群众抓住后送方志敏处理。方志敏的祖母、父亲都跑来求情，甚至闹得要死要活。一向尊重长辈的他仍然下令把五叔处死。这种为革命大义灭亲的真实故事，在赣东北广为传扬。

方志敏在狱中所写的《清贫》一文，述说了自己被俘时的经过。两个国民党兵无意中在柴窝中发现了他，并猜到了他正是那位共产党的省主席。他们从方志敏身上只搜到工作所用的一块怀表和一支钢笔，此外分文没有。一个自称是"老出门的"国民党兵马上在他的裤脚、衣缝仔细地捏了起来，认为肯定有金戒指之类；另一个兵则挥动手榴弹叫道："你们当大官的会没有钱？快把钱拿出来！不然就是一颗炸弹！"结果，这两个家伙直到搜累也无收获，只好商定将怀表和钢笔卖得的钱均分。

方志敏从事革命斗争10余年来，经手的钱财数以百万计，

却是一点一滴都用之于革命事业。妻子从红军在白区缴获来的物品中要了一块绒布做演出服，马上被方志敏批评了一顿并要求立即送回。他被囚期间，朋友出于仰慕送来钱物，他马上转送狱中病饿的难友。国民党送来让他交代的纸笔，被用来写出许多宝贵的文稿，并秘密托人通过鲁迅等关系转送给了党组织。狱方最后问几百张纸的去向时，回答是已放进马桶冲走。

· 董存瑞 ·

董存瑞，1929年10月15日出生于察哈尔省怀来县（今属河北）南山堡的贫苦农民家庭，7岁时上过几天学堂，后因家贫而辍学。抗战爆发后，他的家乡成了抗日游击区，他13岁时就曾掩护过八路军干部，当上了儿童团团长。年少的董存瑞机灵聪明，很有骨气，被称为"南山堡的王二小"。

1945年春，董存瑞参加了当地抗日自卫队，同年7月参加了八路军。1946年4月初，在察北重镇独石口遭遇战中，他机智地夺下敌人的一挺机枪而被记大功一次，被部队授予勇敢奖章。

1947年初的长安岭阻击战，他在班长牺牲、副班长重伤的情况下，挺身而出自任班长，如期完成了阻击任务，又立大功一次。至牺牲前，他共立大功3次、小功4次，荣获3枚勇敢奖章和一枚毛泽东勋章。

1947年3月，在平北整训期间，董存瑞入了党。毛泽东提出"打倒蒋介石，解放全中国"的号召后，各战略区的部队纷纷练习城市攻坚战。

当年解放军没有飞机，也缺少坦克，攻坚主要靠有限的炮兵和步兵实施爆破。董存瑞带领的班被师、团领导誉为"董存瑞练兵模范班"，他本人也被授予"模范爆破手"的称号。

1948年5月初，董存瑞所在部队参加冀热察战役。隆化县

感 悟
gǎnwù

"一个革命同志，他做事不是为了表现自己，不是为了被人奖励，而是为了给人民带来更多的幸福。"董存瑞用他的行动践行了自己的话。

169

城是热河省会承德的拱卫，敌人事先在这里修筑了大量碉堡，有些特殊构筑的暗堡还被称为"模范工事"。

1948年5月25日，进攻隆化县城的战斗打响。董存瑞所在的6连负责拔除敌人核心阵地——隆化中学。临出发前，身为爆破组组长、在比武中夺得"爆破元帅"的董存瑞，代表大家表决心："我就是死后化成泥土，也要填到隆化中学的外壕里去，让大家踩着我们把隆化拿下来！"他带领战友接连炸毁了敌人3个炮楼5个地堡。打开隆化中学东北角的外围工事之后，敌人隐藏在围墙外干河道上桥形暗堡的机枪突然开火，部队遭受严重伤亡，突击受阻，而派去爆破的战友又一个个在中途倒下。

面对敌人碉堡的凶猛火力，董存瑞再次请战，在战友的掩护下冲到桥底。此时，他的左腿被敌人的机枪打断，暗堡的底部离干涸的河床还有段高度，河道两侧护堤陡滑，他两次安放的炸药因没有木托都滑了下来。此时，冲锋号已经吹响，拖延一分钟就会有更多的战友牺牲。董存瑞毅然用身体做支架，左手托起炸药包，右手拉燃了导火索。随着天崩地裂的一声巨响，敌人的桥形暗堡被炸毁，红旗插进了隆化中学。董存瑞用自己年轻的生命为部队的胜利开辟了道路，牺牲时年仅19岁。

董存瑞由此成为人民解放军的六位经典英烈之一。

1950年，全国战斗英雄、劳动模范代表会议决定，追认董存瑞为全国战斗英雄。毛泽东主席在会上亲切接见了董存瑞的父亲。

1957年5月29日，朱德委员长为董存瑞烈士纪念碑写了"舍身为国，永垂不朽"的光辉题词。

1988年，为纪念董存瑞烈士牺牲40周年，聂荣臻题词"舍己为国，人之楷模"，张爱萍题词"为国勇捐躯，万代颂英雄"。

爱国英魂恽代英

"浪迹江湖忆旧游，故人生死各千秋。已拼忧患寻常事，留得豪情作楚囚。"这是中国共产党早期著名政治家、理论家、青年运动领袖恽代英在狱中写的诗。恽代英原籍江苏省武进县，生于武昌，武昌中华大学文学系毕业。中国共产党成立后，他随即加入共产党，先后参加南昌起义和广州起义。1928年后，在党中央宣传部工作，1930年在上海被捕，1931年4月在南京被国民党反动派杀害，时年37岁。他的生命是短暂的，然而他将自己的命运与祖国解放紧紧联系在一起，使其有限的人生得到无穷的延长，闪耀出灿烂的光华。

恽代英出生那一年，日本强迫腐败的清政府签订了丧权辱国的《马关条约》，继而引发了西方列强掀起瓜分中国的狂潮，使中华民族危机进一步加深。他3岁时，神州大地展开了一场学习日本明治维新的救亡运动，其领袖康有为、梁启超、谭嗣同在他成长的道路中，曾起过积极作用。他6岁时，八国联军打进京城，迫使清政府签订了奇耻大辱的《辛丑条约》……

民族危难猛烈撞击着他的心扉，革命志士的前仆后继如火炬照亮了他前进的道路。强烈的忧患意识驱动着他在十三四岁时，就从中国优秀的传统文化中，汲取积极奋发向上的精神力量。

青年恽代英在探索救国之途时，特别强调"行"。他反对空谈，反对无休止的争辩，提倡"力行"。他批评了"一般自命为爱国之士者，但好口说争辩，而不实行，或实行而不切实、不勇猛之过"。"故吾等今日必须超然跳出口说争辩之范围，凡自见可以救国者实行之，切实而勇猛以实行之，非此不足以救中国。"很显然，这里的"力行"观洋溢着爱国主义精神。

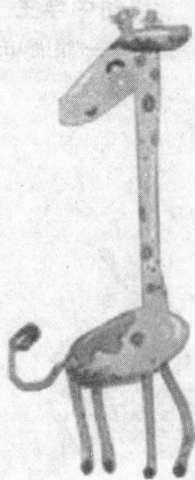

正是本着力行救国的精神，他怀着积极的爱国情感，投身到救亡运动中。1915年袁世凯欲黄袍加身时，他组织爱国学生走上街头，散发反对复辟帝制的传单，与袁世凯勾结日本帝国主义的卖国罪行作斗争。1917年10月，他在武昌组织了第一个进步小团体——互助社。

1918年5月，北洋军阀段祺瑞与日本帝国主义签订了卖国的《共同防敌军事协定》。消息传到武汉，他立即组织互助社成员，发动群众，举行抗议活动。他写了《力行救国论》，揭露帝国主义侵略罪行和反动军阀卖国的勾当，呼吁民众奋起反抗。为了表示爱国的决心，他"始剃全头，不戴东洋头之义也"。他们将这种用中国制造的剪子剪的平头称为"爱国头"，在散发的传单上也特别写上"这是中国纸"。1919年"五四"狂飙激荡神州大地，恽代英立即投入进去，成为武汉地区的领导人。1919年5月7日，他得知北京爱国学生举行游行的消息后，连夜油印爱国传单。传单于次日散发，上面悲愤地写道——"那在四十八点钟内，强迫我承认'二十一条'条约的日本人，现在又在欧洲和会里，强夺我们的青岛，强夺我们的山东，要我们四万万人的中华民国做他的奴隶牛马。"这犹如革命的火种，点燃了学生们心中的反帝怒火，学生们扬臂高呼爱国口号，响彻云际。从这天起，恽代英忧思国难的火烫的心，同武汉地区民众掀起的壮烈雄伟的反帝反封建的斗争紧密联系在一起。

后来随着马克思主义在中国广泛地传播，共产主义在他面前展开了一条光明之路，他如饥似渴地学习马克思主义，开始运用唯物史观分析中国社会，认识到要救国家，必须首先用暴力推翻封建军阀的政权。正是因为他通过革命实践，将各种西方思想进行试验、对比，在挫折和失败中间，认识到只有马克思主义才是救中国的唯一法宝，所以他能自觉与"旧我"决裂，严格解剖自己，执著地信仰马克思主义，坚贞不渝，并为此奋斗终生。

1927年夏，汪精卫步蒋介石后尘，发动了反革命政变。一夜之间，"赤都"武汉变成了反革命的屠杀场。"马克思列宁主义不适合中国""共产主义是赤祸"的陈词滥调又充塞书国。这次反马克思主义的叫嚣和一年前国家主义派的叫嚣不同的是伴随着疯狂的大屠杀，成千上万的共产党员、共青团员倒在血泊中。

"沧海横流，方显英雄本色。"恽代英面对白色恐怖，毫无惧色，提笔著文：中国民主革命只有在马克思主义旗帜下，在中国共产党领导下才能取得胜利。只有这样才可以保证中国革命的非资本主义前途，以转变到社会主义中。他怀着马克思主义在中国必胜的坚强信念，鼓励身边的同志："只有奋斗可以给你们生路，而且也只有奋斗可以给你们快乐。我们要忍受一切困难与艰苦，咬着牙关奋斗过去！"他不顾个人安危，和周恩来、张太雷、叶挺等同志，领导了南昌起义、广州起义。广州起义失败的那一天，面对着冲天的火光，在轰轰的炮声中，他信心百倍地说："挫折是不可免的，要经得起挫折。不承认失败的人，才有再战的勇气。""古语说'秀才造反，三年不成'，假如我们下决心造三十年反，决不会一事无成……我们的希望，我们的理想社会主义、共产主义恐怕也实现了。那时世界多么美妙。也许那时的年轻人，会不相信我们曾被又残暴、又愚蠢的两脚动物统治过多少年代，也不易领会我们走过的令人难以设想的崎岖道路，我们吃尽苦中苦，而我们的后一代则可享到福中福。为了我们最崇高的理想，我们是舍得付出代价的。"

随后恽代英到香港坚持斗争。这里一方面帝国主义暗探、巡捕，国民党特务如蜘蛛一样，将其罪恶的网丝布到每个角落，革命同志随时有被捕遇害的危险；另一方面灯红酒绿、纸醉金迷的资本主义世界，又在腐蚀、吞蚀着人们的灵魂，这种

环境对每一个革命者都是新的考验。恽代英不为险恶的环境所惧，不为金钱世界所惑，表现了一个共产党员矢志革命的高尚情操。他对妻子说："我们是贫贱夫妻，我们看王侯如粪土，视富贵如浮云，我们不怕穷，不怕苦，我们要安贫乐道，这个'道'就是革命理想，为了实现它而斗争，就是最大的快乐。我们在物质上虽然贫穷，但精神上却十分富有。这种思想、情操、乐趣，是那些把占有当幸福，把肉麻当有趣的人无法理解的。"他正是抱着这样崇高的精神境界，战斗在香港、上海、厦门，在狼窝虎穴中谱写新篇章。

1930年恽代英不幸在上海被捕。在狱中他机敏地称自己是工人王作霖而未完全暴露身份，只被判了四年徒刑。在监狱这个特殊的战场上，他斗志昂扬地领导难友们与反动派作斗争。次年4月，大叛徒顾顺章将恽代英出卖。蒋介石得知此讯，欣喜若狂，立即派军法司司长王震南到狱中劝降。面对高官厚禄和死亡的抉择，他毫不犹豫地选择了后者。1931年4月29日，年仅36岁的恽代英，怀着共产主义必然要在中国、在全世界实现的坚定信念，高唱着《国际歌》走上了刑场。

把心脏带回祖国

19世纪初，波兰遭到欧洲列强的瓜分，有十分之九的领土落到了沙皇俄国的手里。波兰人民从此陷入了被欺凌、被压迫的深渊。年轻而富有才华的音乐家肖邦，满怀悲愤，不得不离开自己的祖国。

1830年11月的一天，维斯瓦河上弥漫着薄薄的雾霭。20岁的肖邦告别了自己的亲人，坐着马车离开了首都华沙。在城郊，马车突然被一大群人拦住，原来是肖邦的老师埃斯内尔和同学们来为他送行。他们站在路边，咏唱着埃斯内尔特地为肖邦谱写的送别曲《即使你远在他乡》。埃斯内尔紧紧地握住肖

邦的手说："孩子，无论你走到哪里，都不要忘记自己的祖国啊！"肖邦感动地点了点头。这时，埃斯内尔又捧过一只闪闪发光的银杯，深情地对肖邦说："这里装的是祖国波兰的泥土，它是我们送给你的特殊礼物，请收下吧！"肖邦再也忍不住了，激动的泪水溢满眼眶。他郑重地从老师手里接过盛满泥土的银杯，回首望了望远处的华沙城，然后登上马车，疾驰而去。

就在他离开祖国的那几天，华沙爆发了反抗沙俄统治的起义。可是，不久起义失败了。肖邦得知这一消息，悲愤欲绝。他将自己的一腔热血化成音符，写下了著名的《革命练习曲》。那催人奋起的旋律，表现了波兰人民的呐喊与抗争。

肖邦日夜思念着祖国。他把亡国的痛苦和对祖国前途的忧虑，全部倾注在自己的音乐创作之中。他勉励自己要工作、工作、再工作。他常常把自己关在幽暗的房间里，点上一支蜡烛，彻夜地作曲、弹琴。时间在流逝，可是他已根本没有了时间的概念。

肖邦在法国巴黎一住就是 18 年。为了祖国，也为了生计，他四处奔波。疲劳加上忧愤，使肖邦的肺结核病又复发了。1849 年 10 月，他终于躺倒在病床上。弥留之际，肖邦紧紧握着姐姐路德维卡的手，喃喃地说："我死后，请把我的心脏带回去，我要长眠在祖国的地下。"

肖邦就是这样带着亡国之恨在异国他乡与世长辞了。当时他才 39 岁。

血溅虎门

关天培是鸦片战争时期的著名爱国将领。他操练水师，巩固海防，积极支持和参与林则徐领导的广州禁烟运动。英国发动侵华战争时，他坚守虎门，率部进行了坚决抵抗，最后壮烈牺牲。

关天培，面
对列强的无耻挑
衅和侵略，亲临
前线，严阵指
挥，为祖国壮烈
牺牲，他的一颗
赤子之心明月
可鉴！

关天培，字仲因，号滋圃，1781年出生于江苏山阳（今淮安）一个行伍家庭里。自小习兵练武，驾船航海，身体强健。1803年，关天培考取武庠生，拔部外委，升千总。以后又历任扬州营守备、两江督标右营守备、苏松镇标左营游击、川沙营参将等职。1826年，关天培督运漕米船，自吴淞运往天津，一路上镇定自如，排除惊风骇浪，终于顺利完成任务。道光帝认为他督运漕米稳妥迅速而降谕加恩交部从优议叙。1827年，特旨补授苏松镇总兵。1833年，又署江南提督，并多次进京被召见，在朝廷官员中颇有誉辞。

1834年，两艘英国舰船闯入广东省内河，炮击虎门炮台，并停泊于黄埔河面。道光帝闻报大惊，将广东水师提督李增阶撤职查办，特授关天培为广东水师提督，命其不必来京请训，直接驰赴新任。关天培奉命不敢怠慢，于这年12月初抵达广州。

关天培下车伊始，就亲往海洋内河各口岸，考察炮台，布置防务。在了解情况的基础上，他明确认识到：虎门是通往广州的必经之地，东为沙角，西为大角，由此亦可通向外洋，是第一重门户；进口不远，有横档山屹立中央，将海道一分为二，其左一条以南岸山为岸，系船只出入之道，是第二重门户；由此再进口数里，为大虎山炮台，其西为狮子洋，是第三重门户。关天培指出，沙角、大角两处炮台宜改为瞭望探信之台；南山炮台前空地上应再设炮台，名为威远；再于横档山背面山麓及对岸芦湾山脚各建炮台一座，名为永安、巩固；虎门炮台则增加大炮40门，分派各台应用。还应当在南山与横档之间，设置木排铁链，以阻止前来侵犯之敌船。

同时，关天培也没有放松对水师的严格训练。他看到水师士兵由于长期缺乏有效的管理，疏于水战，素质低下，深为忧虑。于是，关天培不辞劳苦，亲驻虎门督练操习。并分派所部将领，于每年夏历二月末和八月初率兵赴各炮台练习炮准。还

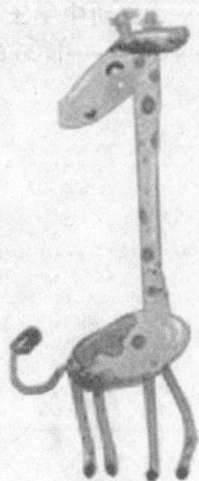

将虎门要塞的详图、战阵图以及有关广东海防的资料汇集成册，编为《筹海初集》4卷，体现了他关心时事，抵御侵略的海防思想。

林则徐奉旨到广州查禁鸦片，并节制广东水师，关天培全力支持。凡防范鸦片船水上走私事件，关无不积极参与，对保证虎门销烟取得成功，作出了很大贡献。不久，他又与林则徐计议，在南山新增靖远炮台，设置大炮60门，再次加强虎门第二道门户的防御。

正当他加紧布防之时，英国侵略者伺机挑衅。1839年9月4日，英舰9艘驶抵九龙，与广东水师发生冲突，被关天培指挥水师击退。11月，英舰又发动突然袭击，向广东水师首先开炮，关天培亲自督战，冒死屹立桅杆前指挥，使敌舰又狼狈窜逃。此后，英舰又发动了数次进攻，都被关天培率军击败，由此他得到了道光帝的嘉奖。

1840年6月，鸦片战争正式爆发。侵略军按照预定作战计划，沿海北上，道光帝盲目虚骄，错误地估计了形势，应英军要求把林则徐撤职查办，将琦善以钦差大臣的名义派往广州取而代之。琦善到广州后，一反前任林则徐所为，不仅不作战备，还撤散了已招募成军的数千壮丁水勇。1841年1月7日，英军攻占了大角、沙角炮台，虎门的第一重门户洞开，要塞失去屏障，形势变得危急起来。关天培深知虎门的战略地位，一面亲自坐镇指挥，一面火速派人请求琦善增兵救援。琦善早已被敌人的炮火吓破了胆，没有完全满足关天培的请求，局势变得更加严峻。

2月26日，英军10艘兵船，3艘武装轮船，向虎门大举进攻。关天培面对强敌，毫无惧色，指挥士兵开炮还击，给英军以重大杀伤。这时，他身边只剩下200名士兵，寡不敌众。关天培亲自点燃大炮，轰向敌人，自己身中数炮，受伤严重，士兵将他背在肩上，要撤出炮台，关坚决不同意，仍大呼杀

敌。忽然，一发炮弹飞来，击中其胸部，关天培壮烈殉国。

逆境中的爱国热情

钱学森，1911年12月11日生，浙江杭州人。1929年至1934年在上海交通大学机械工程系学习，毕业后报考清华大学留美公费生，录取后在杭州笕桥飞机场实习。1935年至1936年在美国麻省理工学院航空工程系学习，获硕士学位。1936年至1939年在美国加州理工学院航空与数学系学习，获博士学位。1939年至1943年任美国加州理工学院航空系研究员。1943年至1945年任美国加州理工学院航空系助理教授（其间：1940年至1945年为四川成都航空研究所通信研究员）。1945年至1946年任美国加州理工学院航空系副教授。1946年至1949年任美国麻省理工学院航空系副教授、空气动力学教授。1949年至1955年任美国加州理工学院喷气推进中心主任、教授。他1955年回国。钱学森与妻子蒋英回国之路历时五年，充满了艰辛，也是一个传奇！

1950年春，在美国的钱学森和妻子蒋英决定返回祖国。但就在这时，美国当局突然通知钱学森不得离开美国，理由是说他的行李中有同美国国防有关的"绝密"文件。

在这种无端的迫害下，钱学森和蒋英只得把飞机票退了，一家人被迫又回到了加州理工学院。联邦调查局派人继续监视他家每个人的行动。

半个月后，几名警务人员突然闯进了钱学森的家。他们又以另外一个罪名，即说钱学森是共产党，非法逮捕了钱学森。钱学森被送往特米那岛，关押在这个岛上的拘留所里。

在钱学森被关押期间，蒋英一面抱着刚刚出生两个月的女儿永真、拉着蹒跚学步的儿子永刚，四处奔走呼吁，一面度日如年地承受着种种威吓和担忧，胆战心惊地等待着丈夫的消息，苦苦地盼望着钱学森的归来。

1950 年 9 月 22 日，美国当局命令钱学森交出了 1．5 万美元的保释金，然后将钱学森保释出狱。但他仍旧不能回国，并且经常要听候传讯。

经过半个月的折磨，钱学森的身心受到严重伤害，体重整整减少了 30 磅。他心中悲愤难平。值得欣慰的是，家还是那么温馨，妻子充满了柔情。钱学森像只在风浪中漂泊了很久的小船驶进了避风港。可港湾也不宁静，时常受到风雨的袭击。美国联邦调查局的特务时不时闯入他家搜查、捣乱、威胁、恫吓，他们的信件受到严密的检查，连电话也受到了窃听。然而，蒋英像一名忠诚的卫士护卫着钱学森，把惊吓留给自己。

为了丈夫，蒋英毅然放弃了自己艺术事业的追求，和自己的丈夫一起同厄运作斗争，同美国联邦调查局的特务和不怀好意的记者周旋。

整整五年在美的软禁生活并没有消磨掉钱学森和蒋英夫妇返回祖国的坚强意志。在这段阴暗的日子里，钱学森常常吹一支竹笛，蒋英弹一把吉他，共同演奏 17 世纪的古典室内音乐，以排解寂寞与烦闷。虽然说竹笛和吉他所产生的音响并不那么和谐，但这音响是钱学森夫妇情感的共鸣，它是一种力量，它代表了这对不屈的夫妇的一种意志，一种品格，他们从这音乐中领悟到的是一种发自心底的信心和动力。

在那漫长而痛苦的近 2 000 个日日夜夜里，为了能随时回到祖国，当然也为躲避美国特务的监视与捣乱，他们租住的房子都是只签一年的合同，五年之中他们竟搬了五次家。蒋英回忆那段生活时说："精神上是很紧张的，为了不使钱学森和孩子们发生意外，也不敢雇用保姆。一切家庭事务，包括照料孩子、买菜烧饭，都不得不由我自己动手。那时候，完全没有条件考虑自己在音乐方面的事，只是为了不荒废所学，仍然在家里坚持声乐方面的锻炼而已。""那几年，我们家里就摆好了三

只轻便的小箱子，天天准备随时可以搭飞机动身回国。"

在蒋英和亲朋好友的关怀劝慰下，含冤忍怒的钱学森很快用坚强的意志战胜了自己，他安下心来，开始埋头著述。一册《工程控制论》、一册《物理力学讲义》便是钱学森辛勤工作的结晶。

晏子的故事

晏子将要出使到楚国。楚王听到这个消息，对身边的侍臣说："晏婴是齐国善于辞令的人，现在他正要来，我想要羞辱他，用什么办法呢？"侍臣回答说："当他来的时候，请让我们绑着一个人从大王面前走过。大王就问：'他是干什么的？'我就回答说：'他是齐国人。'大王再问：'犯了什么罪？'我回答说：'他犯了偷窃罪。'"

晏子来到了楚国，楚王请晏子喝酒，喝酒喝得正高兴的时候，两名公差绑着一个人到楚王面前来。楚王问道："绑着的人是干什么的？"公差回答说："他是齐国人，犯了偷窃罪。"楚王看着晏子问道："齐国人本来就善于偷东西吗？"晏子离开了席位回答道："我听说这样一件事：橘树生长在淮河以南的地方就是橘树，生长在淮河以北的地方就是枳树，只是叶相像罢了，果实的味道却不同。为什么会这样呢？是因为水土条件不相同啊。现在这个人生长在齐国不偷东西，一到了楚国就偷起来了，莫非楚国的水土使他喜欢偷东西吗？"楚王惭愧地自嘲说："圣人是不能同他开玩笑的，我反而自找倒霉了。"

有一次，晏子正在吃饭，齐景公派使臣来，晏子把食物分出来给使臣吃，结果使臣没吃饱，晏子也没吃饱。使臣回去后，把晏子贫困的情况告诉了齐景公。齐景公惊叹道："唉！晏子的家真的像你说的这样穷！我不了解，这是我的过错。"于是派公差送去千金与税款，请他用千金与市租供养宾客。晏

子没有接受，景公又多次相送，最终晏子拜两拜而辞谢道："我的家不贫穷，由于您的赏赐，恩泽遍及父族、母族、妻族，延伸到朋友，并以此救济百姓，您的赏赐够丰厚了，我的家不贫穷啊。我听人这样说，从君主那里拿来厚赏然后散发给百姓，这就是臣子代替君主统治人民，忠臣是不这样做的；从君主那里拿来厚赏却不散发给百姓，这是用筐箧收藏财物归为己有，仁义之人是不这样做的；在朝中得到君主的厚赏，在朝外取得君主赏赐不能与士人共享而得罪他们，死后财物转为别人所有，这是为家臣蓄积财物，聪明的人是不会这样做的。有衣穿，有饭吃，只要心里满足就可以免于一切忧患。"

齐景公对晏子说："从前我们前代的君主桓公用 500 里的土地人口授予管仲，他接受了并没有推辞，你推辞不接受是为什么呢？"晏子回答说："我听人这样说，圣明的人考虑多了，也难免会有失误。愚蠢的人经过多次考虑，也有可取之处。想来这是管仲的错，是我的对吧？"因此，再次拜谢而不接受。

世界地图

某日，一位德国朋友到我画室参观，当他看到我挂在墙上的世界地图时，竟高声地叫起来："天啊！我从来没有见过这样子的世界地图，是不是画错了？"我问他原因。

"我所见过的世界地图都是德国在中间，为什么你的地图却是中国居于中间呢？"他回答。

"我们最好也找一张美国印的世界地图来看看。"我说。随即从书架上抽出一本美国出版的有关地理书籍，并翻到世界地图的那一页。

"这就更奇怪了！为什么这张地图又是美国在中间呢？"他似乎不太相信自己的眼睛。

"虽然这世界有 100 多个国家，有的幅员狭小，有的广袤

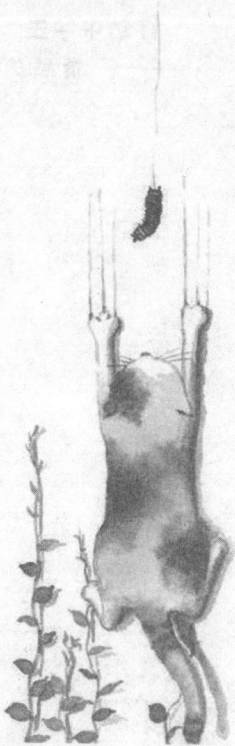

感 悟
gǎnwù

"不论我们现在置身何处，总是来自祖国，我们的眼睛也总是以自己的国家为中心哪！"一幅地图，展现的是深沉的家国之情。

181

万里，有的遍地黄沙，有的一片沃壤，有的天寒地冻，有的四季如春……但是每一个人都认为他自己的国家在世界上最为重要，并居于中心的位置。"我说，"不过也确实如此，我们从自己的国家出发，绕世界一周之后，不又是回到原来的地方吗？不论我们现在置身何处，总是来自祖国，我们的眼睛也总是以自己的国家为中心哪！"

霍英东

霍英东从小爱好体育，特别爱好足球运动。他说："孩童时，我便恋上了足球，在五光十色的梦幻中最令我心醉神迷的，是那驰骋球场，受到万众欢呼拥戴的球星。"

20世纪70年代，霍英东的爱国心倾注于协助祖国体育事业冲向世界。他认为在国际竞技场上夺取金牌至关重要，是国家威力的体现。争取恢复我国在国际体育组织中应有的地位，从而参与各项赛事，发挥应有的作用是个紧迫问题。但当时外有反华势力作梗，内有"左"的干扰，要解决这一紧迫问题，曲折颇多，阻力甚大。1974年霍英东曾邀请国际足联会长和秘书长到北京，官方竟无人出面接待。晚上9时，外宾抵达北京饭店宴会厅，大厅冷冷清清，仅霍英东与其长子霍震霆迎接。住房也安排在一般外宾住的中楼，不安排到贵宾住的东楼。霍英东处此尴尬境地，既迷惑不解，又无可奈何，只好多方解释。

尽管遭受这番挫折，霍英东仍然满腔热情，继续抓紧一切机会为中国体育走向世界而奔走。同年，当以香港足协负责人的身份，赴伊朗德黑兰参加亚洲足协会议时，他便立意先从亚洲足球协会打开缺口，争取早日加入这一组织。

关于恢复中国在亚洲足协中合法会籍的议题，照章应在60天前提出，大会前一天足协执委已经决定，本次会议不讨

感悟 ganwu

霍英东曾说：我们老一代人对祖国和家乡的深厚感情，要传给下一代，让世世代代都爱国爱乡，支援祖国和家乡的建设。他以自己的实际行动表明了什么是对祖国的爱。

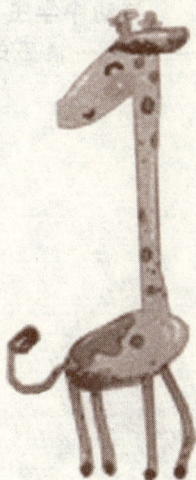

论我国入会的问题。我国国家体委也认为不可能在这次会议上解决问题了。尽管如此,霍英东仍抱一线希望,积极争取。他想,如果错过这个机会,两年后才再召开会议,就又得拖后两年了。但按照章程,议程之外的问题均不予讨论,除非有 3/4 以上出席者的支持,作为紧急事项,提出临时动议,才能列入议程。当天午饭时,霍英东再三考虑,决定四处活动,通过这唯一途径,争取把这一问题列入议程。这次首先由伊朗代表在会上提出,应让中国入会。主持会议的会长是马来西亚的东姑拉曼。此事在会上经过约一个钟头的辩论,支持动议一方所持的理由是,中华人民共和国是亚洲人口最多的国家,不能把它长期排斥在亚洲足协之外。许多会员同意作为紧急事项列入议程,会长虽不大同意,也只得付诸表决。投票结果,赞成票刚刚超过 3/4。

列入议程这一步总算争取到了。接着是讨论中国加入的问题,这时又碰到了难题,按章程规定,亚洲足协只接受已参加国际足联的成员。那时我国尚未参加国际足联。霍英东等又建议修改章程,提出章程可改为足协不限于吸收国际足联会员,凡曾被批准参与亚运足球比赛的,其队伍亦可被接纳为会员。按照规定,修改会章亦须有 3/4 以上票数通过。这次是用举手方式表决,结果又以 3/4 的多数票通过了。

还有最后一个问题是:接纳我国为会员,就得取消台湾地区的会员资格。当时,一些国家与台湾地区仍保持微妙的关系。但一经举手表决,赞成的仍是超过 3/4。于是我国足球协会取代台湾地区足协,在亚洲足协的会籍终得恢复了。连闯三关,一连以三个 3/4 通过议案的事,在世界体育史上是从未有过的。

这虽然主要是因为中国强大了,而霍英东的积极争取的确起了重要作用。这一重大突破,为中国全面恢复在奥林匹克委员会和其他国际单项体育组织的合法席位打开了广阔通道。

亚洲足协的决定，不少人感到意外。国际足联会员闻讯十分震动，当即采取措施，由国际足联写信给亚洲足协，指责接纳我国加入的决定是非法的，要求立即取消。此后麻烦事更多了。国际足联有意要处分亚洲足协，台湾方面唯恐会员资格被取消，会引起连锁反应，也极力向国际足联施加压力。

为了维护票数，国际足联的态度是很强硬的。国际足联会长历来都是欧洲人担任。但那时刚好第一次以非欧洲人（一个巴西人）当选会长，他对我国是友好的，但因刚上任，各方压力又大，只能谨慎从事，成立了一个专门小组研究处理。这个小组由每个洲选一名代表组成，霍英东那时已当选为亚洲足协副会长，代表亚洲足协参加这个小组，每逢讨论他均据理力争，使国际足联无法作出结论。

1975年，亚洲足球赛在香港举行，中国能否参加，这是关键性问题。虽然中国在亚洲足协的会籍已正式恢复，而与国际足联的官司尚未了结，如不获国际足联认可就让中国参赛，势必引起更大波折。香港足球总会曾拟拍电报到国际足联请示。但霍英东考虑如单靠一封电报，万一复电说不行，便无转圜余地，这将形成恶劣的先例，以后参加其他比赛也会遇到麻烦。于是他当即和霍震霆商量，要霍震霆马上赶去瑞士，请求会见国际足联会长、秘书长，他也随即赶去瑞士。会见时，他提出许多很有说服力的理由，说明此次亚洲足球赛拟邀请中国参加，希望会长、秘书长同意。终于，国际足联会长、秘书长答应了，这便有了突破口，1975年后所有比赛均可顺利参加了。

20世纪70年代到80年代初，在体育工作上霍英东殚精竭虑，花费的时间和精力最多。除致力于我国体育运动冲向世界之外，他还不惜资财，在经济上支持发展我国体育事业。

1979年霍英东成立10亿元的基金会，用以在内地办些好事，其中不少款项是用于支持国内体育事业的。

永远的"桥"

李国豪，中国科学院和中国工程院双院士、著名桥梁工程与力学专家，是德高望重的教育家、科学家。与桥梁结缘的70多年中，李国豪孜孜不倦地在祖国的名川大江上描绘出了一道又一道绚丽的"彩虹"，在祖国大地上亲手创造出世界桥梁史上一个又一个崭新的纪录。

1936年大学毕业后的一次钱塘江大桥工地实习，让李国豪这位广东梅县的贫苦农家少年爱上了桥梁设计，并与桥梁结下终生之缘。毕业不久，李国豪赴德留学，不到一年时间他就凭借其对悬索桥的独到研究，以优秀论文《悬索桥按二阶理论的实用计算方法》获工学博士学位。论文在桥梁工程界引起极大反响，26岁的李国豪从此以"悬索桥李"而闻名于世。学成后，李国豪历尽千辛万苦归国回校，在同济大学建立起桥梁工程专业，出版了这一领域内第一部由中国人编写的中文教材《钢结构设计》和《钢桥设计》等。1955年，42岁的李国豪成为首批中国科学院院士。

"我的工作和同济大学、桥梁事业是紧紧联系在一起的"，李国豪回国后立即致力于母校建设和中国桥梁事业的发展。1977年，李国豪担任同济大学校长，他主持制定了同济大学"严谨、求实、团结、创新"的校训，并领导同济大学进行了历史性的"两个转变"：从以土木为主的工科学校向多科性大学转变；恢复与德国的传统联系，使之成为中德学术文化的窗口，为此，他曾获德国政府授予的大十字勋章和歌德奖章。

桥梁工程专业是李国豪回国后创建的，也是他寄予厚望的阵地，他看着这个专业发展壮大，培养的专家成树成林。如今，在李国豪先生的引领下，同济大学桥梁专业在全国首屈一指，在国际同行界也得到首肯，还承办了国际桥梁工程学术界

最高水平的国际桥梁与结构工程学会2004学术年会。

李国豪曾说："从字面上讲，桥是绕过一个障碍的意思，无论前面是山谷还是流水。"他希望在人与人之间也架起一座相通的桥梁，多一分理解，多一分宽容。他致力建造的，还有一种无形的桥。通过言传身教，李国豪先后培养出了四位院士，这在我国历史上是非常少见的，有工程院院士项海帆、范立础、陈新，科学院院士钟万勰。范立础教授说："李校长一生不仅是大家科学事业上的导师，更是我们每一个学生的领路人，是中国桥梁事业发展最有力的推动者！"

"为人要正派，做事要诚信"是李国豪对学生们的谆谆教诲，如今却成了弟子范立础对这位师长兼同事的最深切的缅怀。他无法忘记，在自己教师生涯刚刚起步之时，是李先生教导他，教师不仅是个崇高的职业，更是一项为祖国培养人才的事业；他无法忘记，在与李校长的朝夕相处中，这位长者无数次以自己的身体力行告诉大家，一名合格人才，学会做人是根本；相对于科学研究，人格思想更为重要。李国豪是为数不多的中国科学院和中国工程院双院士、著名桥梁工程与力学专家，是德高望重的教育家、科学家，但为了青少年的健康成长，大院士也写起"小人书"，为孩子们架起"科普桥"。上海少年儿童出版社的丁晓玲编辑至今记忆犹新：一个寒风阵阵的傍晚，她怀着忐忑的心情叩响了李国豪院士家的门，想请学问高深、时间宝贵的院士为小朋友编写低幼科普读物。"写过这么多东西，还从来没有人找我写这么浅的书呢，但我很愿意写。"丁晓玲压根没想到李国豪会没有一丝犹豫，便欣然答应为少年儿童写这本"院士小人书"。丁晓玲说，虽是写"小人书"，但李老付出的心血和写论文没啥两样，内容、图片、文字样样一丝不苟。李老自己更是乐此不疲。由李国豪等7位院士撰写的10本"大科学家小讲台"系列低幼科普读物，一版再版，获奖无数。

2005年2月23日，李国豪先生离我们而去，大师远行，学术星空少了一颗闪耀的明星，但同时也留给了我们一座"心桥"。

我和我的祖国

"我和我的祖国，一刻也不能分割，无论我走到哪里，都流出一首赞歌……"

我来到大洋彼岸的墨西哥海湾，最喜爱的一首歌曲就是《我和我的祖国》。

当太阳收起最后的一抹余晖，我伫立在夜色悄然降临的海边，遥望着远处那水天相接的苍穹，我在期待着一轮明月的出现。假如没有记错的话，我想明天——准确地说应该是今夜，就是祖国的中秋佳节。一个团圆的日子，一个令人特别想家的日子。能和家人"团圆"，对我这个身在异国他乡的游子来说，也许是一种遥远的奢望，而此时此刻思乡的情绪却是那么强烈地一阵阵地掠过我的心头……

为了与墨西哥合作一个项目，我被派往了中美洲执行这项特殊任务，在这今后的两年半也许更长的时间里，我将在这个陌生的国度里工作，在这里我将完成祖国给我既定的目标和使命。

当我来到办公室，跳入眼帘的是电脑屏幕上的 QQ 头像在不停地闪动，我急忙一一点开，看着，想着，泪水不自觉地流了下来。

此时办公桌上的电话铃声响起来了，我忙扑过去拿起话筒，那边传来了爸爸亲切的声音，"我的乖乖小丫，知道今天是什么日子吗？……"

听着地球那端传来的亲切话语，我哽咽着一一回答了爸爸的问话。从小学一直到大学，我都是老师印象中的好学生、父

感 悟
ganwu

我亲爱的祖国，你是大海永不干涸，永远给我碧浪清波。

亲心目中的乖乖女儿，同时我也成为了父辈们的骄傲。其实我何尝不想做一个孝顺长辈的好女儿，但在这事业和亲情、祖国与个人之间，无疑我必须无条件地选择祖国和事业。今天在这濒临加勒比海的西岸，我真的要度过一个没有祖国、亲人在身边，同时也是一个没有月饼的中秋节啦！

"海上生明月，天涯共此时"，想着这样的意境，我依然默默伫立在这西半球的海边。如果说月夜更能使我释放思乡的情节，而我则更希望一轮红日能尽快地早一点儿从墨西哥的海湾升起，因为那才是不同时差的祖国，真正的月夜中秋啊！那才是合家团圆相聚的欢乐时刻啊！虽然此刻的我在异国的他乡，但我仍能强烈地感触到，自己的心和伟大祖国的脉搏在同步地跳动，因为此刻这颗赤子之心和我的祖国以及亲人更加地贴近！贴近！也因为我的心中有一首《我和我的祖国》永远驻留！

木 笛

南京乐团招考民族器乐演奏员，其中招收一名木笛手。应试者人头攒动，石头城气氛热烈。这是一个国际级乐团，它的指挥是丹麦音乐大师，这位卡拉扬的朋友长期指挥过伦敦爱乐乐团。招考分初试、复试和终试三轮。两轮过后，每一种乐器只留两名乐手，两名再砍一半，二比一。

终试在艺术学校阶梯教室。房门开处，室中探出一个头来。探身者说："木笛，有请朱丹先生。"声音未落，从一排腊梅盆景之间站起一个人来。修长、纤弱，一身黑色云锦衣衫仿佛把他也紧束成一棵梅树。衣衫上的梅花，仿佛开在树枝上。走进屋门，朱丹站定，小心谨慎地从绒套中取出他的木笛。之后，抬起头，他看见空濛广阔之中，居高临下排着一列主考官。主考席的正中，就是那位声名远播的丹麦音乐大师。

大师什么也不说，只是默默打量朱丹。那种神色，仿佛罗丹打量雕塑。半晌，大师随手从面前的一叠卡片中抽出一张，并回头望了一下坐在身后的助手。助手谦恭地拿过卡片，谦恭地从台上走下来，把那张卡片递到朱丹手中。

　　接过卡片，只见上面写着——在以下两首乐曲中任选一首以表现欢乐：1. 贝多芬的《欢乐颂》；2. 柴可夫斯基的《四小天鹅舞》。

　　看过卡片，朱丹眼睛里闪过一丝隐忍的悲戚。之后，他向主考官深深鞠了一躬。抬起眼睛，踌躇歉疚地说："请原谅，能更换一组曲目吗？"

　　这一句轻声话语，却产生沉雷爆裂的效果。主考官们有些茫然失措起来。

　　片刻，大师冷峻发问："为什么？"

　　朱丹答："因为今天我不能演奏欢乐曲。"

　　大师问："为什么？"

　　朱丹答："因为今天是 12 月 13 日。"

　　大师问："12 月 13 日是什么日子？"

　　朱丹答："南京大屠杀纪念日。"

　　久久。久久。一片沉寂。

　　大师问："你没有忘记今天是什么考试吗？"

　　朱丹答："没有忘记。"

　　大师说："你是一个很有才华的青年，艺术前途应当懂得珍惜。"

　　朱丹答："请原谅……"

　　没等朱丹说完，大师便向朱丹挥了挥手，果断而又深感惋惜地说："那么，你现在可以回去了。"听到这句话，朱丹眼中顿时涌出苦涩的泪。他流着泪向主考席鞠了一躬，再把抽出的木笛轻轻放回绒套，转过身，走了。

　　入夜，石头城开始落雪。

感悟
ganwu

朱丹终试这天，正是南京大屠杀纪念日，他是一个具有崇高爱国精神的人，拒绝演奏欢乐的音乐，结果被丹麦音乐大师拒之门外，但在南京大屠杀死难同胞纪念碑附近，朱丹吹响的悲凉笛声，却令丹麦音乐大师感动。正如大师所说，他身上有"一种人类正在流失的民族精神"。同学们，爱国不需要我们去摇旗呐喊，有时只需要我们一个小小的行为。

没有目的，也无须目的，朱丹追随着雪片又超越雪片，开始他孤独悲壮的石头城之别。朱丹不知不觉地走到鼓楼广场。穿过广场，他又走向坐落在鸡鸣寺下的南京大屠杀死难同胞纪念碑。

临近石碑是一片荧荧辉光，像曙光萌动，像蓓蕾初绽，像彩墨在宣纸上的无声晕染。走近一看，竟然是孩子方阵。有大孩子，有小孩子；有男孩子，有女孩子；他们高矮不一，衣着不一，明显是一个自发的群体。坚忍是童稚的坚忍，缄默是天真的缄默，头上肩上积着一层白雪，仿佛一座雪松森林。每个孩子手擎一支红烛，一片红烛流淌红宝石般的泪。纪念碑呈横卧状，像天坛回音壁，又像巴黎公社墙。石墙斑驳陆离，像是胸膛经历乱枪。

顷刻之间，雪下大了。雪片密集而又宽阔，仿佛纷纷丝巾在为记忆擦拭锈迹。

伫立雪中，朱丹小心谨慎地从绒套中取出木笛，轻轻吹奏起来。声音悲凉隐忍，犹如脉管滴血。寒冷凝冻这个声音，火焰温暖这个声音。坠落的雪片纷纷扬起，托着笛声在天地之间翩然回旋。

孩子们没有出声，孩子们在倾听，他们懂得，对于心语只能报以倾听。

吹奏完毕，有人在朱丹肩上轻轻拍了一下。

回头一望，竟然是那位丹麦音乐大师。朱丹十分意外，他回身向大师鞠躬。

大师说："感谢你的出色演奏，应该是我向你鞠躬。现在我该告诉你的是，虽然没有参加终试，但你已经被乐团正式录取了。"

朱丹问："为什么？"

大师略作沉默，才庄重虔敬地说："为了一种精神，一种人类正在流失的民族精神。"

大师紧紧握住朱丹的手。朱丹的手中，握着木笛。

第 1 章
江南好，风景旧曾谙

　　故乡，是一个你离开后才拥有的地方。当你背井离乡时，浓浓的乡情永远是你心中牵扯不断的思绪。乡情，是沙漠里的一片绿洲，给我们带来光明的希望；思乡，是我们心里最纯净的一缕情愫，孤独寂寞时让我们沉静。

　　是呀，故乡有蓝蓝的天、青青的山，有父亲带着怜爱的责备，有母亲准备的香美饭菜，有兄弟姐妹的嬉笑打闹，还有小伙伴们的纯真笑容……

　　时光飞逝，物是人非，可是在人们心中永远不变的是那份浓浓的思乡情呀！中国有句古话：落叶归根，自古至今多少人在为了回家而努力。"少小离家老大还，乡音无改鬓毛衰"，即使已经是白发苍苍也要赶回家，因为故乡有儿时也是人生最美的回忆……

山水隔不断乡情

今天是中国传统的端午节，对于两位年龄相加是152岁的台湾夫妇苏梓培和任秀宝来说，这个佳节非比寻常。他们在祖国大陆开设的第一家餐饮分店"台北秀兰小馆"今天在上海虹桥开张了，两位老人喜气洋洋地说："53年前我们从上海去了台湾，今天又把台北家乡菜带了回来，真正是圆了半个世纪到祖国大陆创业的梦想。"

山水隔不断乡情。82岁的苏老先生和他的太太都是江浙人，他们用地道的吴侬软语和前来道贺的宾客交谈。"这次来上海看看变化实在大。"苏老先生感慨地说，"以前听人说到这里开餐馆要敲几十个图章，来了以后才知道根本不是那样，这里办事效率挺高的。"

选择端午节开店，老板娘任秀宝亲自和员工一起花两天时间包了600个精致美味的粽子，特地在今天供应给顾客。"粽子里裹的豆沙要冷冻后再用，不然会掺进米粒，煮后有夹生……"苏太太对烹饪十分在行。以前她在家做全职太太时，自己潜心钻研出来一手好厨艺，由此也为她日后操持在台北小有名气的"秀兰小馆"打下了基础。

苏太太虽然年届七旬，但在管理方面思维敏捷，有着与众不同的要求："我们这里供应的虽说是家常菜，但在选材上却是十分用心的：如虾仁是最好的河虾，鸡是那种尖嘴散养的草鸡，猪肉选用口感好的黑毛猪，且每道菜里都不放味精。"不难看出，老人对于在强手如林的上海餐饮业参与竞争充满了信心。当人们称赞他们老当益壮时，性格开朗的二老幽默地说："怎么样？在上海开店的台湾同胞中，还有比我俩年纪更大的吗？"

老两口膝下儿孙满堂，生活其乐融融。这次他们来沪上盘

下店面后，装潢设计就是由贝聿铭的关门弟子、他们的儿子苏喻哲亲自担纲。而二老投资设立"上海秀兰食品有限公司"时，也得到了儿子的热心鼓励。老人说，在这里办餐馆不为谋生，一半是兴趣爱好，一半是偿还心愿。因为喜欢上海，他们在浦东买了两栋别墅，过着"八三一"的生活，即一年中八个月到美国西雅图，三个月在上海，一个月去台北生活。

两位老人表示，要把餐馆办成两岸美食交流的场所。喜欢花卉的二老在店堂里、餐桌上放置了一盆盆美丽大方的台湾蝴蝶兰，鲜艳的兰草也诠释了餐馆的雅名。他们说，上海人现在讲究"吃环境"，"秀兰"要营造一个文化味较浓的清新恬淡的环境，让大家就餐时有一份好心情和新感受。两位老人说："这也是我们为两岸美食交流出一份力吧。"

家乡的中秋节

小时候每到中秋，母亲一定会忙碌着给全家人打月饼。中秋节很快就要到了，思念就随时随地地涌上心头，每年的这个时候我总是格外地想家。

中秋节最重要的事是打月饼。母亲做月饼的时候，孩子们总是围在案板周围急切地等待。看着母亲把面擀成薄薄的面皮，撒上香豆、红曲和姜黄，加入白糖，紧紧卷成面卷儿，扭一扭，再团成一团，外面包上白面擀成的皮儿，上屉开始蒸。那些添加的香料都是植物晒干后研成的细末，有浓郁的芳香，西北人最喜欢用它做花卷等食物，生活虽然单调，但是农家人的馍馍从来都是色彩纷呈，芳香扑鼻。

月饼上锅之后，厨房里就热闹了。灶里的火苗快活地舔着锅底，大蒸笼里乳白的蒸气蓬勃欲出，从缝隙里蹿出来的有大人和孩子，人们都围在灶前，欢天喜地地说笑。男人们悠闲地吐烟圈，月也融融，乐也融融，情也融融。

感 悟
ganwu

满月象征着团圆，所以中秋节在人们心中也格外不一样。每逢佳节倍思亲，对着圆圆的月亮，满满的都是对故乡的思念，妈妈做的月饼，永远是游子心中的最爱。

193

到中秋这天，中饭这一顿是很讲究的，有许多菜。说是中饭，并不做饭，一年里，也好像只有这一顿，是必定不做饭的，主食只有炒芋艿，或炒粉干。芋艿就是芋头，粉干则是一种本地米粉，它们加了青菜和肉或香菇，便出乎意料的好吃，也容易饱。炒芋艿和炒粉干现在看起来很平常，在当时却很不寻常，因为加了肉和香菇，算是很奢侈了。何况，要把这两样东西炒好，是要下一番工夫的。我记得读高二时，因为中秋节学校食堂不做饭，只做了炒芋艿和炒粉干，但芋艿给炒煳了，粉干则根本没浸透，像吃干牛筋。

最重要的节目毫无疑问是在夜晚。记忆里，这个夜晚从不下雨，不知道是什么缘故。等天黑后，月亮上山，家里人把早就购置了的月饼放到一个米筛里，每个人拿一个小板凳，一起上楼顶。楼顶平坦而开阔，不论是嬉戏，还是赏月看潮水，都很适合。我很喜欢那时的月饼，没有馅的，差不多是种素饼，一点也不花哨，只在饼面点了一点白砂糖；可能也不贵，一个也就几毛钱。尽管如此，每个人最多也只能分到一两个。我和妹妹弟弟拿到月饼后，听从爷爷的意见，并不马上吃，而是把月饼举起来，对着月亮看，以此来评定这个月饼圆不圆。（我开始误会了爷爷的意思，以为是让我用月饼来验证一下月亮圆不圆）吃月饼时也很小心，和妹妹弟弟比赛，看谁吃得慢。因为那时的月饼给我留下的印象过于深刻，我对近些年吃到的月饼都抱以一种怀疑的态度——它们的包装和价格都显得不切实际，除了商品味十足，实在找不出一点人情味来。

我小时候一直住在一条江边上，离码头又特别近，所以在我的记忆里，中秋节给我最深的印象，不是月亮，倒是潮水。现在我们都知道，月亮的运行和潮汐有着密切的关系，到中秋前后，潮水是一年里最大的。这天，江水涨啊涨，眼看着要漫过江堤，这时，潮水平了，然后慢慢退下去。在我家乡，八月十五若不看潮水，人就觉得有什么事还没做。所以一到这天，

总有许多城里的或邻镇的人，骑着自行车到江边来，并把自行车寄放到我家的院子里。

　　我小的时候，并不出去跑，夜里只跟家人在房顶看潮水、看月亮；稍微大一点，野了，要往外跑，家里人怎么看也看不住。开始，码头上人最多，那里离江水最近，等到水慢慢涨上来，人也要随着退往岸边，最后，把人都挤到一个贝壳滩上。这个贝壳滩上有许多的贝壳，是用来烧蛎灰的。蛎灰是建筑用料，在以前，相当于水泥。那时，那里的贝壳总是堆积得很高，所以也是我们这些小孩平常经常玩的地方。但只有在八月十五这天，贝壳滩上才能聚集这么多的人，密密麻麻，筷子筒一般，在水还涨得不高的时候，许多人还站到水中，互相泼水嬉戏。

　　若月亮暂时被乌云掩住了，便会引起所有人的关注。人们大声地喊，就像妈妈说的，过去的人敲脸盆赶吃月亮的天狗一样，场面很是壮观。但喊得并不整齐，乱七八糟，喊什么的都有，有些人干脆是骂人。直到月亮慢吞吞地从云层中飘出来，人们才安静下来，该做什么就做什么。这一天的晚上，仿佛是个狂欢节，人们全不顾忌自己的形象，一个个地坐到贝壳上面，而贝壳其实是很脏的。不要以为人们这样就安静了，只满足于看月亮。这时候，总有人撑着一只小舢板在贝壳滩附近出现，引起许多羡慕的惊呼。而这时的江水，也一点一点地涨高了，人们纷纷往贝壳堆的高处退。不知道是哪个人，和谁打赌一般，先脱了衣服，跳到江水里，向着远处游去。许多人效仿他，纷纷跳到水中，一时间，人声鼎沸，全被这勇敢的举动感染，大声地喊起加油来，全不曾想到，这其实很危险。不过那些勇敢的人也并不是全无头脑，他们总是量力而行，游到一定距离便折返。

　　我那时好像极喜欢这种喧嚣的场面，喜欢在人群里和伙伴们玩游戏。对这一夜的潮水和月亮，总是疏忽了。好像是许多

年之后，我才突然发觉到，这江上的月亮，其实是极美的，以至于如今闭着眼睛，也能想象出月光落在江面上银光闪动的景象。但这景色，我是久违了；而昔年的光景，也再回不去了。

中秋又临近了，格外想家。或许，母亲又倚在门边张望了，远隔千山万水，忙忙碌碌的我注定将再一次在思念中度过我的中秋，于是泪水很快战胜了我的意志。在外漂泊多年，终于在这个秋天里有了自己的房子，冬去春来，很快就可以将父母亲接到自己身边了，想到此，心里稍稍慰藉，多了一份甜蜜。

中秋月明，骨肉情深。在这个时候，又想到万千在外的游子和在家期盼孩儿归来的母亲，由衷地希望全天下勤劳的人们幸福、平安。

思 乡

1991年10月，我刚满18周岁，沉浸在入伍光荣的欢乐之中的我，还不懂为什么母亲在为我收拾行装时流下了泪水，为什么父亲送我到车站去时一句话都不说，只是在我上车时用深情的眼神看着我，似乎也含着泪。直到北上的火车离站时那声划破长空的汽笛，才把我惊醒，看着站台上恸哭流涕的人群和挥动着的双手，我突然意识到我不能离开这片生我养我的土地，更不能离开抚育我18年的爸爸妈妈。可是车轮已经启动，从此对故乡亲人的无尽眷念伴随着我开始了新的生活。

经过3天的旅途颠簸，我终于到了连队。当看到迎接我们的是坐落在山脚下的几排简陋的瓦房，我们一个个全愣住了。有人开始低声抽泣，我心里也很难受，却不知道为什么哭不出来。夜深人静时，捧着和父母妹妹的合影，却泪如泉涌，默默倾诉我对他们的想念。望着黑夜笼罩的绵延起伏的群山，我暗暗想今后一定要回家乡，回到家人的身边！

连队繁重的劳动、艰苦的生活，我无所畏惧，咬咬牙也就挺过去了，唯有一想起故乡的明月山水、父母的舐犊之爱、兄妹的手足之情，就抹泪揉眼，柔肠寸断。平日里给亲人写信，盼回家探亲，一遍又一遍说家乡的山、家乡的水，已成为我生活中的最大乐趣。而家乡的亲人，无时无刻不在关心我们，千方百计让身在异乡的我感受到家庭的温暖，勉励我们在边疆风雨的磨炼中成长。

一次收到爸爸的来信，说我离开家后，妈妈流了一夜的泪，听说连队生活苦，她托慰问团捎来一点食物。几天以后我收到一个箱子，里面装的全是吃的，竟然还有生鸡蛋。当我小心翼翼地取出这10个经过2 000多公里长途运输而完好无损的生鸡蛋时，再也抑制不住夺眶而出的泪水。在场的队友也都为之感动。10个普通的鸡蛋，饱含着父母对我的厚爱，我感到自己再没有理由辜负他们的一片深情和希望。从那以后，我把对父母的爱，对家的爱深深埋在心底，开始了事业上的追求和奋进。

后来我很幸运提干了，调到了另一个连队。这儿距家乡又近了300多公里，似乎与爸爸妈妈的心也更贴近了。我感觉自己是那么幸运的人。由于调动后的连队是机动部队，比以前更加苦了。但是一想到为了可以尽早回家乡工作，我就更努力了。

1993年7月，我因出差而同时被批准回家探亲。多少个日日夜夜的梦想就要实现了，我欣喜若狂，人还没走，就忍不住先给爸爸妈妈打了电话。一路上我归心似箭，总嫌火车开得太慢太慢。火车刚驶入安徽境内，看见一块块黑油油的土地，一片片绿油油的庄稼，一幢幢的农舍，一条条清澈的小河，我感到格外亲切，依偎在窗口上老觉得看不够。特别是想到就要和分别两年的爸爸妈妈见面，心里有说不出的快乐。

列车徐徐开进了火车站，当我还正在后悔自己忘记告诉家

感悟
gǎnwù

谁人无父母，谁人无家乡，离开父母，离开家乡，你就会懂得家乡的含义。无论你走多远，请千万记得回家。

人在哪节车厢时，一个熟悉的身影吸引了我的目光，爸爸正站在醒目的站牌下翘首张望，微风吹拂着他已经有了几缕白发的头发，人显然比两年前消瘦苍老了。我鼻子一酸，想叫也叫不出声了，只是伸出身子向他挥手。爸爸走近了，两眼噙着泪花，我直盯盯地看着和蔼可亲的父亲，眼泪像断了线的珠子一个劲儿地往下滚……在熙熙攘攘的人群中，妹妹气喘吁吁搀扶着妈妈急切地向我走来。"妈妈——"，看见朝思暮想的亲人，我叫出了积蓄在心中一年多的呼唤，忘情地扑向妈妈的怀抱。

· 乡村　乡亲 ·

乡村是一个围城，大多的乡民希望走出去，但当有一天真的有机会走了出去，却又不停回望，那是一份莫名的失落……

从农村到城市，转眼间已有近十个年头了。

前几天，在我寄居的城市来了我的乡亲。他们是来这儿打工的，纯凭卖力气的那种。他们是从我父亲那找到我的地址来看我的。同住的朋友告诉我，有人来找过我，一口方言味，很土气的……是的，我能随时想象出他们说话时的表情与动作来。他们没多少文化，即便是撒谎的时候，眼睛里也会流露出几分恐慌与窃喜。不用说，是很真实的。

他们再来时，我们见了面。谈了很多关于乡村、土地的农事，其间我拿出"555"牌香烟给他们抽。我知道，农村人抽烟是比较多的，而且喜欢辣的、有劲的那种。抽烟似乎早已成为他们生活中的一部分，和喝酒一样。午后，他们借入厕之由，也买回一包"555"牌香烟分给我抽。下午，他们便走了。

他们的生活也有目标，虽然很小，但极易实现。比如说，将自己的土地翻一遍。他们有一种韧劲，认准一个目标，他们就会全力以赴地去干好，哪怕是一件微不足道的小事。相反，我的目标很多也很大，失望却也越多。他们常年在外打工，唯一的目标就是挣钱，只要能挣到钱，他们的双手从不拒绝任何要求甚至某些时候会铤而走险。生活中的艰辛与精神上的压

抑，于他们是微不足道的。他们偶尔也喝一点酒，高兴时也会喝得两眼发红、叽里呱啦不可一世地骂娘。但酒劲一过，他们便又沉默了，只会"嘿嘿"地傻笑。

挣到钱养家是他们一生最高兴的事，也是最值得炫耀的事，是他们在老婆孩子面前发发脾气的最好理由，男人的尊严在那一刻会表现得淋漓尽致。即便这样，他们还是善良的，有时会表现得很单纯，这也许就是他们一生也改变不了的秉性。

一包"555"牌香烟的售价，大抵是他们一天的工钱。我想，这一点他们应该比我更清楚。他们只从价格上去区别香烟的好坏，从不计较口感与品牌。他们的到来使我恍若隔世，在那份虚伪的怜悯与同情中我深感惭愧与不安。他们原本淳厚、善良、自尊，然而这个嬗变的都市生活却给他们烙上了善意的虚荣、自卑、小聪明的印记；有时甚至变得自欺欺人。

隔着岁月的栅栏，我有些怅然若失。我们之间似乎有着一段用十年光阴也走不完的距离，但我还是极力地想拯救那破碎的记忆，并以此来救活思想、救活自己。当又一群年轻的人们拥挤到这个都市时，我的不解、可怜的梦幻，还未来得及收拾，便被他们那慌乱的脚步踩成岁月的碎片。现在看上去，不管是坎坷还是悲壮似乎都已不重要了。

怀念乡村，因为那里生活着我的善良的乡亲；也同情我自己，因为我是从乡村走出的人。

·故乡兰州·

好久没有回家了，难得有长假，终于可以回家看看我的故乡，我久违的大西北了。当视野中的绿色渐渐被大片黄土替代时，迎面扑来的是那熟悉的家乡气息。

"大西北"在许多南方人的想象中，是贫穷、荒凉和落后的代名词。吃不饱，睡窑洞草席，可生我养我的兰州却留给我

十分美丽的回忆。这些回忆不会被任何东西冲淡和取代，她们在我的脑海里展现的永远是一幅幅最美丽的图画。比如黄河——春天，她夹裹着上游的泥沙和着巨浪汹涌狂奔，把西北人的粗犷和豪放带到远方；冬天，她清澈碧绿，宁静而秀美，就像羞答答走过却掩不住一副火辣辣热肠的西北姑娘。还有那些黄河石，忠实而顽强，历经狂风恶浪，却依然无怨无悔地守候着。有没有哪一个去闯世界的兰州人回到家乡，不去看看黄河，不去重温一下黄河带给你的感受？

我出生在上海，可我是在黄河边长大的。小的时候我甚至不会超过三天见不到黄河，我喝的是黄河的水，吃的是河中鲤鱼，书桌上的镇纸是河边捡来的黄河石，漂亮的瓶瓶罐罐也被我拿来盛了河边的沙子和奇形怪状的石头。河畔的岩堆曾是我复习功课的好去处，浅霞余晖晕染的河沿又会以她的瑰丽和空旷来包容我儿时的无限遐思。既柔和、温情而又雄浑、豪放的黄河伴随了我的整个童年、少年时代。黄河如同空气、水、血液，20多年前就存在于我的生命里，甚至于在我所有关于美的想象空间里。

近几年随着政府对环境保护的重视、人们环保意识的增强以及环境的改善，兰州市区里穿行而过的黄河水面上，年年冬季都有水鸟栖息，而且数目逐年增多。西部闹市中心的黄河流域，竟成了水鸟过冬的胜地，这真是我们兰州人的骄傲。当黄河两岸的风景在严寒的肆虐下变得萧瑟苍凉一派肃穆时，连寥寥无几的行人也脚步匆匆，只有水鸟们飞行时优美的弧线，划破这寂静寒冷的近乎凝固的画面，重新站在黄河边上，凉风吹拂着两岸的杨柳，抚弄着水面的倒影。一个生意人来动员我乘坐他的羊皮筏子，又一个人来叫我乘汽艇。他们如今都是靠黄河赚钱、过日子。黄河养育了他们，他们带着黄河人的自豪，用种种方式将黄河的真正魅力展示给游人。不仅仅为了让游客方便过河，更是为了让游客在河上走一圈，倾听黄河的巨浪的

感悟 *ganwu*

无论家乡怎样穷，怎样破，游子对家乡总有割不断的思念。家乡的一切都是那么的好，这就是漂泊在外的游子对家乡的别样眷恋吧！

拍击，触摸黄河激流的湍急。

我想起小时候，那时候的冬天，黄河是结冰的。汽车、马车都可以在河面上走。我们在河面上滑冰、滚铁环、打木猴子、打沙包……跌倒，爬起来，再跌倒，再爬起来……嘴巴里呼着白色的气，衣服上沾满了冰屑，睫毛上结着冰霜……由东往西远远地望去，黄河就像是一条长长的冰川，雪白雪白的，发着耀眼的光，把两岸连成一体。如今，时间过去了那么久远，恍惚中我依然会搞不清，那些记忆，到底是童年还是童话。

紧靠着黄河的北边，是美丽的白塔山。这里一直是兰州市市民休闲游玩的地方。山上，现代化的彩灯与古老肃穆的白塔是兰州悠久历史的写照。与她一起遥相守望的，是巍峨的贺兰山。一条自山下蜿蜒爬向山顶的彩带，是通往山顶公路上的彩灯。每当夜晚来临，起伏的贺兰山被灰暗的天色衬托得只显出深深的黛色时，这条金光闪闪的彩带便如装扮在天穹颈部的一条钻石项链，放射着异彩。即使是深夜，你也可驱车或者拾级而上到山顶。山顶上有战争时留下的碉堡，还有供游人过瘾的跑马场。你在山顶上可以一览无余地俯瞰整个兰州市区。假如站在山顶上，不放声喊上两嗓子，听一听山的回声，那才叫遗憾呢！

兰州市区，马路宽阔整齐，几年不见，我已不认识她了。高楼鳞次栉比，大厦金碧辉煌。富丽堂皇的一座座酒家，姹紫嫣红的一个个花店，大型的现代化超市，成片的园林式绿地，穿梭如织的车流，摩肩接踵的人群，无不体现出一派都市的景象。有时，走在繁华的街上，你会在倏忽间产生错觉，似乎是走在上海的南京路上。

这里群山怀抱，在政治、经济的地理上都只能算是偏居一隅，但这里的人文精神却没有丝毫的盆地意识，山没有局限人们的思维。这里四通八达、兼收并蓄——一如这里的品格。她

绝无小家碧玉的温婉可人，也不像没有见过世面的妇孺村姥，她的本性是单纯，而且充满温情。这里有的是多管闲事的朋友，与你交谈、劝你、教你，甚至偶尔嘲笑你，可无论你已经多么潦倒落魄，他们绝不会漠视你的痛苦，也绝不会抛弃你。这里的人们好客、热情、善良，当你问路或打听什么时，他们总会耐心地给你解答。几乎在每一个大商场内，都安放着许多供顾客休息的椅子、凳子。在银行内，我看到一副预备给老年人用的老花眼镜。在公共汽车上，老年人和抱孩子的乘客，总有人给他们让一个位子。年轻人穿着打扮时髦、前卫。公园里、黄河边，到处都可以看到精神焕发的老年人在锻炼、活动、聊天……

兰州就是这样，总是生机勃勃、春意盎然。

乡村美食

现在小孩子上街就是吃肯德基、牛排、西式糕点。吃完后进超市找零食，什么薯条、巧克力、果冻、酸奶、纯牛奶……琳琅满目，让人目不暇接。去酒家聚餐，华宴上，全是冠以美名的"云河段霄""玻璃珠玑""龙凤柔情"等等。走在街上，凡与食有关的店，门前亦是大大小小的食品广告幅，包装华美、制作精细，实在令人叹服。但，不知为何，这些多彩多味中，总缺乏一种自在与温馨感。食之思绪一起，浮于脑际的竟多为农村老家，那本色香醇的民间原味。

喜欢乡居生活，一大原因是四季的生命之绿以及果实累累的丰收景象。家家的门前屋后，山上山下，只要有土地空着，都种上了竹、木、花卉或蔬菜。三三两两的孩童，总习惯在山间地头穿梭，采摘野生的草莓、山楂、猕猴桃、野山梨，还不够，又拿竹竿去敲打别家树上的板栗、山核桃、桃、李、枣等，果子落地的一刹那便欢呼雀跃、开心异常。板栗、山核桃现剥现吃，桃、李、枣等往衣服上一擦，径直往嘴里塞。再不就是去菜园子，随手折一条慵懒地躲在叶下的黄瓜，刨一个地瓜或摘一个西红柿，一路嚼着又去别处闹了。蚕豆成熟了，也不能幸免于一群小家伙的"活剥生吞"，一个个吃得津津有味。各家主人也从不斥责，只嘱咐小心板栗最外层的刺伤了手，桃和枣洗净再吃，等等。对于乡人来说，菜果都是即采即食，似在"咀嚼生命"，永远没有城里人抱怨的菜果上市后不新鲜。

有灶有锅，乡人烧饭用柴火。米煮沸时通常要舀出一部分汤，这米汤又浓又稠，称饭汤。然后继续烧至水干，饭焖熟，底层结了厚厚的米锅巴。孩子们每次回家，均不放过喝饭汤、吃米锅巴的机会，这在用电饭煲做饭的城里也算稀有之物了。乡人做菜，通常讲究简单，农忙时节尤其。园里摘几根茄子，或摘几个圆辣椒，洗净直接放蒸架上蒸，饭菜就一起熟了，倒些酱油、加点味精，原汁原味好极了。此外，南瓜叶、黄瓜叶在开水中一漂，切碎小炒；地瓜藤摘去叶子，剥去表皮（有的干脆和皮）切成小段，用上最尖的辣椒小炒；山上的嫩野蕨是味道最美的，一些人往往采上很多，晒干留取招待客人或逢年过节上桌。运气好的时候，还可以自制夹子逮几只野兔、山鸡什么的，用笋干或野蕨干在炭火炉上炖，实在是地地道道的野味美味。一上桌，食者闻香瞪眼，通常呼啦啦如风卷残云，霎时锅碗告罄。

说到野味，又远不止山上的。水田沟里有田螺、泥鳅、黄鳝，河里有螃蟹、清水鱼、虾，还有石鸡——一种栖息于山涧石缝中的蛙类，味美而有营养。想来也怪，这野生的自然之物味道就是鲜美。城里菜场虽多水产，而且品种繁多，却不易寻见本色原味的。每年暑期，田间就多摸田螺、钓黄鳝、笼泥鳅的大人和小孩。河里也不清冷，翻找螃蟹的、电鱼的、捉虾的，又因河水清又浅，鱼虾石子一目了然，这一丛那一簇的水草柔柔地在水中漂游，实在又是美丽的景致。于是，每逢回乡

我亦野性难改，在烈日下的田间、水中凑热闹。石鸡需在晚间用手电照着抓，而那也是蛇出没的时段。我素怕蛇但又拒绝不了抓石鸡的诱惑，于是总穿上高帮雨鞋，惶惶然跟在人后面。

不是太忙，农妇们就想着给一家调节口味。自擀面条，做面疙瘩、煎饼、馒头。或去地头摘一老南瓜，剖开，取出瓜子。先把瓜子洗净，摊开在竹筛上，晒于日下，干后收藏以便下次炒南瓜子吃。而剩下的南瓜肉切成块，放水煮熟；马铃薯、地瓜、玉米也都可以如法炮制。逢有这些美食，家中孩子是最开心的。一揭锅盖，忙不迭揣上几块，向小伙伴炫耀去了，"共享"去了。记得小时，也没少为这些与表哥表姐吵架，因一个南瓜有而且只有一根藤连着，切开煮熟后一群孩子就争抢可握"藤柄"而吃的那一块。没抢到的自然不高兴。

这些美味的调节需要花时间、精力，所以不常吃到。一旦逢哪家做了这些吃的，总会捧上一碗或端上一盆给邻里乡亲，"尝尝，热着呢"，质朴的语言亲切的笑是门禁森严者无福消受的。另外，乡人就餐也不愿如城里围着桌子正经吃。喜欢捧着热气腾腾的饭碗或拿上一两个馒头，悠闲踱到邻家，一堆人站门口边吃边聊，温馨而具乐趣。

年边，家家忙着杀鸡宰羊，又忙着自制豆腐、油豆腐、香干，还有做米糕、炸薯片、蒸年糕等。因为有好吃的等着，孩子们乐坏了，老实待在家不贪玩了。喜欢挑一个地瓜或一条年糕丢进灼热的炭火盆中，用火灰覆盖，煨烤十几分钟便熟。香气四溢，闻者实难抵诱惑，就掰一半或分一角吃。年糕因是淡味，通常又用白糖、酱油蘸着吃。恰值豆腐花成形，急急盛上一碗，和着一块享用，笑嘻嘻地乐呵呵的。其时家家的腌白菜、腌萝卜也正"大出风头"，即使不作菜用，用水洗净当零食吃，酸酸的，脆脆的，也不失其味美。

吃得痛快，吃得自在。从小生于农村、长于民间的我，到如今既不存在营养不良和卡路里不足的问题，也无忌肥减食、

营养过剩之虑。于是认为，所谓美食，就是那种保存了本色本味、自然醇香的真东西。民食民情，美哉善哉！

故乡的雪

今年雪下得特别大，范围也很广，多年没有下大雪的故乡又一次被皑皑的白雪所拥抱。我现在学习的这个城市没有下雪，除了干冷的风和浓得化不开的乌云。但是，我童年的记忆里有雪的影子，有时是晶莹剔透的雪夹雨，有时是漫天飞舞的鹅毛大雪。我很喜欢雪，有雪就可以堆雪人、打雪仗。只有这个时候，我的心才不感到压抑，才能忘掉生活中太多的苦难。

下雪通常在年关迫近的时候，天空发了霉，一连好几天见不到太阳的影子。风狂冷地吹，聪明的人这时就会躲在屋子里烤火炉。后来飘起了细细的雨丝，云层压得愈低了，好像只要我们一踮脚尖就可以抓住一片云。风在耳边呼呼作响，枯树在风中瑟瑟发抖。经过了一番酝酿之后，白白的雪花终于从天而降。这时候最高兴的莫过我们刚刚上学的小孩子了。我喜欢雪落在屋顶上的细声，喜欢雪从瓦缝里钻进来掉在木板上的咚咚声。想象第二天起来整个大地将是一片洁白，粉装玉砌，我会很快进入梦乡。

待到院子里下了足够多的雪的时候，我和妹妹就开始堆雪人。我们拿铲子把雪刨到一处，用手拍打结实。我们忘了冬天的严寒，一双小手冻得红彤彤的。我们用木炭做雪人的眼睛，用胡萝卜做雪人的鼻子，不一会儿一个精雕细琢的雪人就呈现在我们的面前，我们感到了成功的喜悦。

我们还爱玩打雪仗。我们小伙伴分成两派，中间画一条"三八线"，打雪仗的时候对方不能越过这条线。当然，我们也给对方规定了可退回的界线。我们把雪握成小团，疯狂地朝对方的身上砸去。击中对方身体的小雪团会啪的一声散落。我们

| 感悟 |
gɑnwu

故乡在每个人的心里是不同的，或是山，或是河，或是风，或是雪……思念故乡就是想再看看故乡的山、故乡的水、故乡的风、故乡的雪……

就这样玩呀玩，直到满头大汗，筋疲力尽。

小时候故乡年年都下雪。道路被雪覆盖住了，为了防止打滑，每次都要去铲除家门前的雪。我们还收集一些干净的雪放在一个坛子里，再在里面装上一坛子的生鸭蛋。这种盐卤鸭蛋是我小时候最爱吃的东西。只要有雪，妈妈每年都为我做盐卤鸭蛋。

时光荏苒，我早已不是昨天的我。在苦难中我学会了自立，懂得了生存的意义。二十几年来我一直在寻找一种爱与被爱的感觉，而我终于做到了。

· 思 乡 ·

"独在异乡为异客，每逢佳节倍思亲。遥知兄弟登高处，遍插茱萸少一人。"王维的这首诗，读来朗朗上口。如今，连小学生都会摇头晃脑地背诵。但是，小学生能够理解"家乡"的意义吗？家乡意味着什么？家乡就是自己的家庭世代居住的地方，这么说是对的，可是好像又少了点什么，有点冷冰冰的。

家乡对于一个人来说，意味着什么？我想，只有离开过家乡，将要离开家乡，正在远离家乡的人，才真正明白。

家乡是一种思念；家乡是一种依赖；家乡是一种宗教；家乡是吟咏不完的诗歌，写不尽的文章；家乡是潺潺如流水的梦；家乡是凝固在眉宇间的一怀愁绪。

离开家乡久了，心里不知不觉地就会怀念起家乡来。于是回乡看一看。

家乡的山，还是那么苍翠；家乡的水，还是那样的叮咚作响；家乡的庄稼，还在农民的手中一年四季地生长；家乡的老井，却被掩埋得无踪无影；家乡的青堂瓦舍，换成了别墅楼阁；家乡的故事，长成一种美丽的传说；家乡的人物，也是麦田里长出玉米秸——换了新茬。

"少小离家老大回，乡音无改鬓毛衰。儿童相见不相识，笑问客从何处来。"再回故乡，物非人亦非，被一句"笑问客从何处来"，弄得心酸。

我常常想，当初只想离开家乡，到外面去闯荡。如今为什么总是怀念起家乡？怀念起家乡的时候，就觉得家乡比任何地方都亲切，炊烟、杨柳、晚霞、麦田、黄牛、泥巴、荠菜花。家乡在记忆中变得琐碎，但无限美好。

为什么童年的记忆总是那么深刻，尤其是对家乡的记忆？也许是因为童年的无知。

童年无知，总在探索；因为探索，所以印象深刻；因为印象深刻，所以（家乡的印象）不容易改变；因为不容易改变，所以它就成了陈年老酒；因为老酒、陈年，所以越酿越醇，越酿越香，越酿越浓。最后，醇得让人心迷神痴，香得让人闻香欲醉，浓得让人欲罢不能。于是高山仰止，于是山重水复，于是魂牵梦萦，于是亦真亦幻，于是海市蜃楼。

于是，所有的思念，都在记忆中疯长。长成诗行，长成文章，长成乡愁，长成厚厚的愿望。

记忆中的家乡，随人一起老去。换了新颜的家乡，又成了娃娃们的家乡，和他们一起成长，最终也会长成他们的回忆——当他们也离开家乡。

这样看来，家乡就好像是一棵树了，家乡的人们就是长在树上的叶。树，年复一年地长。叶，一年一度地生，又一年一度地落。落下的叶，可能被泥土埋在树下，也可能被风刮到一个永远也回不来的地方。于是便有了诗人的感叹："洛阳城里春光好，洛阳才子他乡老。"才子老了又如何？才子老了，家乡更新。于是又有新才子"把酒祝东风，且共从容。垂杨紫陌洛城东。总是当年携手处，游遍芳丛"。可惜的是，韦庄和欧阳修都不是洛城人。却一个感叹"洛阳才子他乡老"，一个感

感悟
ganwu

长期漂泊的生活需要一种寄托——思乡。游子需要的是一个信念的港湾，它可以在我们疲倦后让我们得到休息。思乡是对动力源泉的追逐，不管家乡在哪里。

叹"可惜明年花更好，知与谁同"。他们都是"错把他乡当故乡"，但同样写出了优美的诗句。

这样想来，家乡又是一片土地，家乡的人们就是生长在土地上的庄稼。山也转，水也转，都是因为家乡的人们在转。转来转去的人们，一不小心，就转离了家乡。于是家乡就成了一种永远的思念，如同种子对土地的思念。

如今，故乡只剩下一段回忆，而这回忆是一种提炼，把浑浊的变为澄澈，把复杂的变为简单，把愁苦变为甜蜜，把肤浅变为深刻。

家乡的人

我的家，在徽南的一个镇子上，水清清，山绿绿，时光荏苒，小镇依旧。

镇子街道仄小，石块铺地，几经拓宽，车辆仍掀瓦辗摊，扬灰起尘，影响商贸，殃及居民。对此，镇人有"虫唱窗弥寂，车行路更通"的句子。而今，域中交通、能源、通讯等大大改善，又被列为全省小城镇建设的试点镇，家乡有望长大。

家乡人民有"勤于稼事"的美俗，幺姑湫美丽而辛酸的传说，即是明证：镇西有大田，百二十挑，产稻逾万。田畔幺姑，人极俊俏，腰极柳条，手勤心不飘，招婿要招精于农事的少年郎。比"技"招亲那天，众多少年不堪栽秧不伸腰之苦，纷纷退出。唯有一健壮少年，秧子越栽越有劲，山歌越唱越开心："大田栽秧行对行，秧根脚下有蚂蟥。蚂蟥爬到脚杆上，情妹盼着少年郎。"少年绕田一周，将要栽完，幺姑羞答答送上茶水，哪知少年郎一直腰，"嚓"的一声，少年腰断人亡。幺姑顿时昏厥，醒后矢志不嫁，传为佳话。此田也因此叫幺姑湫。

镇里人不仅勤劳，也极机敏。相传，旧时有外地狂生，指

提起家乡，有人自豪，有人惭愧。然而无论我们的家乡怎样，我们都有一个共同的理由去爱它，是它哺育了我们，即使乳汁是苦涩的。

点江山，妄评风俗，莫有当者。他嗤我镇仄仄，人也平平。镇人有如东方朔者，对他说："兄台不知，我地不仄，辖有三个'市'，一曰中石，二曰猴子石，三曰蛤蟆石。"狂生不信，以为诳言，逢人打听，问妇妇点头，问孺孺称是，及知真相，拱手称服，不敢再言仄仄平平。

近年，家乡教育发展迅速，人才辈出，居县邑前茅，人称"才乡明珠"。在外人面前，谈家乡，我不再汗颜，不再惭愧了。

·诗人的乡愁·

小时候
乡愁是一枚小小的邮票
我在这头
母亲在那头；
长大后
乡愁是一张窄窄的船票
我在这头
新娘在那头；
后来呵
乡愁是一方矮矮的坟墓
我在外头
母亲在里头；
而现在
乡愁是一湾浅浅的海峡
我在这头
大陆在那头。

——《乡愁》

余光中祖籍福建永春，抗战时期，余光中随母亲逃出南

感 悟
ganwu

乡愁，是游子对故乡的思念，是游子对故人的离愁。乡愁如梦如歌，只盼离家的游子能早日归来！

京，日军在后面追赶，他们幸得脱险，后来辗转到了重庆。日军大肆轰炸重庆时，上千同胞受难，余光中幸好躲在重庆郊区。1949年离开大陆，3年后毕业于台湾大学外文系，先后在多所大学任教，并坚持创作，曾到美国和香港求学、工作。在"台湾'中山大学'"任教。已出版诗集、散文、评论和译著40余种，文学大师梁实秋评价他"右手写诗，左手写散文，成就之高一时无两"。

余光中21岁负笈漂泊台岛，从小楼孤灯下怀乡的呢喃，直到往来于两岸间的探亲、观光、交流，萦绕其心头的仍旧是挥之不去的乡愁。怀乡情结是其作品中永恒的主题。他的乡愁是对包括地理、历史和文化在内的整个中国的眷恋。

20世纪60年代起余光中创作了不少怀乡诗，其中便有人们争诵一时的"当我死时，葬我在长江与黄河之间，白发盖着黑土，在最美最母亲的国度"。70年代初创作了《乡愁》一诗。那是离开大陆整整20年后怀乡之情的瞬间迸发！这是一首写实的诗，诗的前三节是对母亲、妻子的思念，最后一节写到大陆这个"大母亲"，诗的意境和思路豁然开朗，于是就有了"乡愁是一湾浅浅的海峡"一句。

余光中在南京生活了近10年，紫金山风光、夫子庙雅韵早已渗入他的血脉；抗战中辗转于重庆读书，嘉陵江水、巴山野风又一次将他浸润。余光中离开大陆时已经21岁，受过传统"四""五经"的教育，也受到了"五四新文学"的熏陶，中华文化已植根于心中。余光中的乡愁不仅仅是距离带来的单薄的乡愁而是带有沧桑的乡愁。

《乡愁》是台湾同胞、更是全体中国人共有的思乡曲，随后，台湾歌手杨弦将余光中的《乡愁》《乡愁四韵》《民歌》等8首诗谱曲传唱，并为大陆同胞所喜爱。给《乡愁四韵》和《乡愁》谱曲的音乐家有很多，王洛宾谱曲后曾自己边舞边唱，十分感人。诗比人先回乡，该是诗人最大的安慰。

1992 年，余光中再次踏上大陆的土地。同胞的亲情再次感染了他，他写了不少诗作，尽情抒解了怀乡之愁。自此以后，余光中往返大陆七八次，他回到了福建家乡，到了南京、湖南等地，在南京寻访金陵大学故地，在武汉遍闻满山丹桂，探亲访友，与大陆学子对谈，对大陆多了一层感知和了解。在四川，作家流沙河赠他一把折扇，问他是否乐不思蜀，他挥毫题字：思蜀而不乐。翰墨间仍飘出了淡淡的乡愁。

余光中在大陆的游历使他越来越发现，他的乡愁是对中华民族的眷恋与深情。后来，他在台湾写了很多诗，写王昭君，写屈原、李白，这些都是其深厚中国情结的表现。

余光中在赴美期间受到了当时流行的摇滚乐的影响，诗歌比较注意节奏，因此也容易被作曲家看中谱曲，但他仍以"蓝墨水的上游是黄河"来表明他的文化传承中受中国文化的影响。尽管他在美国上过学，诗文中也受一些西方的影响，但不变的是他对中国文化的遗韵和对中华民族的怀思。他的作品深受《诗经》的影响，也学习过臧克家、徐志摩、郭沫若、钱钟书的作品，骨子里时刻透露着对祖国对家乡的深情眷恋。

· 家乡的油桐果 ·

我童年的小山村，有一紫色的麦草房，麦草房里有一个木格格的小窗，小窗正对着的那面山坡，有大片大片的油桐林。

每当夏初时节，油桐开花了，满坡都是洁白洁白的油桐花，把整个小山村照得雪亮雪亮的。

油桐挂果的时候，我常到山坡上去玩，那里曾是我童年的乐园。到了秋天，满树都是紫红色的油桐果，像一个个小灯笼，在风中碰碰撞撞。小的时候，听大人说，油桐果是不可以吃的。我却偏不相信，以为那是大人们骗人呢。有一次，我偷

感悟
gǎnwù

当游子远离家乡，家乡的一切都值得珍惜，哪怕是小小的油桐果，也是游子向往的。

偷地摘下一颗，刚下牙，那股苦涩，让我几天都不想吃饭。

收获的时节，我们帮助大人，把油桐果从枝头上摇落下来，用箩筐装回，放在生产队的稻场上，堆上大大的一堆，在池塘里挑来水，浇在油桐堆上，用草盖上。几天后，揭开盖在上面的草，油桐果的脸变得黑黑的，皮也开始腐烂，有的都自动脱落了。只一天的工夫，生产队里稻场上，就有了一大堆一大堆敲起来喳喳响的油桐子。油桐子可以榨油，经桐油油过的木板门格外的结实。乡村的水桶、马桶都要用桐油来油，油过的桶才经久耐用，且不漏水。连老人的棺木，都要油，不然管的时间不长，下地不久就会腐烂。经桐油油过的雨伞格外结实。我童年就是打着这种伞，到山里去放牛，到河里去抓鱼。那黄亮黄亮的油布伞，给我童年一片晴朗的天空，在那方天地里，我那么幸福地度过了那段金色的时光。

说实话，我的童年是苦的。农民没有什么经济来源，油桐果就是一项顶大的收入。靠着它，我们可以换得自己家用的油、盐、酱、醋。回想起来，我还真的很感谢那对我有着养育之恩的油桐果呢。那一嘟噜一嘟噜的油桐果啊，多少回在风雨中磕磕碰碰的日子，像村前的山路一样，又瘦又长。

14岁那年，那是刚刚恢复高考不久，年轻人都那么兴奋，好像科学的春天就要来到了。人们的精神面貌开始发生着变化。就在那一年，我背负着理想，在山村的惊叹声里，从那片挂满油桐果的山坡，回望母亲的目光。我也是恢复高考后，我那个小小的山村里第一个从那挂满油桐果的山坡上走出来，踏上去山外的路，到县城读书的孩子。

16岁那年，人生又给了我一个新的转折，高考又刷新了我的人生篇章。在那一年的暑期，我回到我那小山村，看到山村的那副模样，再想想山外的世界，我说，我再也不想回到这个地方。谁知那时的一句孩子似的气话，却铸就了今天这副模样。

后来，我真的离开了故乡。告别了我那紫色的麦草房，和那木格格的小窗，还有那开满小白花的大片大片的油桐林。而今，我那小小的山村，也在追随着新时代的步伐，不断地发生着变化。我的麦草房早已拆除，那大片大片的油桐林也成了遥远的记忆，现在很少有人再提起它。桐油油过的木板门和油布伞，也都不知躲到哪里去了。山村的小楼都换了新装，五彩斑斓的遮阳伞，给那个小小的山村一副新的容颜。

现在，城里的高楼越来越高，而我在这一个离故乡并不算遥远的地方，攀上楼顶，垫起脚跟，却总也望不见小村的炊烟；高速公路越修越宽，可无论怎样走，却总也走不进母亲的目光。在高楼与高楼之间，我常常被月光惊醒，常常会想起那大片大片的油桐林。在我的心中，它永远那样枝繁叶茂，永远开满雪白雪白的花朵，像一盏盏雪亮雪亮的灯，照亮我那整个小山村。

我推开窗户，遥望夜空，仿佛满天都是闪闪烁烁的——油桐果。

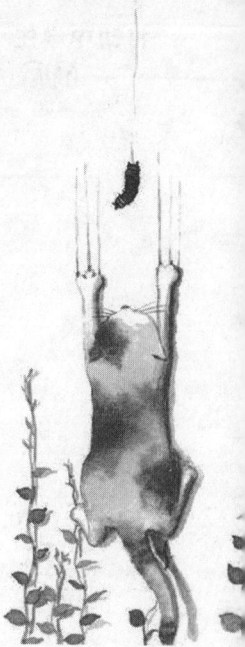

· 故乡的风 ·

塞外多雪，更多风。我那远在辽北的老家，就更饱尝风的滋味，饱受风的折磨，也享受了风的乐趣。

小时候，每年春天来临之前，我总是一喜、一惧。喜的是万物复苏有望，惧的是狂暴的风要一直吼到六月初。算起来，三月末到六月初期间，风和日丽的日子总不超过五天八天。印象中，春天就意味着漫天尘土飞扬，满地乱草枯枝堆积，这哪是我在书上读到的"春天"呢！一过完"二月二"，就盼着春天快点来，春天来了，在屋子里闷了一冬的孩子们，可以去田野里玩儿，可以去挖野菜，做柳笛。可是真等到春天来了，得到的只是一天又一天的扫兴。记得那时每天一早出门时，先看

看天是不是晴的，有没有风。只要树枝微微摇晃，心里就是一沉。别看早晨只是树枝微摇，到了中午那风就是在大呼小叫了。要是已经有两天没刮风，就得做好心理准备，防备第三天就该起风了，往往实际情况也真是这样。这风一刮起来，就不知何时才能停，除非来一场雨，才压得住风。可是春天的雨水又那么少。

要是不得不顶着风去挖菜，我们都在菜筐里压一块大石头，免得风把筐吹走，再把自己的外衣蒙在筐梁上，以防辛辛苦苦挖的菜被风吹出去。一次，邻家的小忆一时疏忽，筐里没压石头，一阵风来，吹着筐像车轮一样旋转着就滚远了。小忆就在后面追，人小风大，眼看筐越刮越远，最后成为一个小黑点，不见了。小忆绝望地哭着，哭声让风一下就给吞了进去，也不知后来筐落谁家。那时节爸爸他们从地里干活回来，眼窝鼻洼处都是黑的。

杏花开的时节，往往有两三天好天气，然后一准有一场大风，把那些花瓣摇下来，堆积在墙角和栅栏根下。青杏有指甲那么大时，也会刮几场大风，原本密密实实长满枝头的青杏变得都藏在绿叶后面去了。那些能长在我们这儿的杏树，都是经过风的淘洗，抓住风的空子，才扎下根的。

家家的窗台上，无论什么时候，用手去摸，都是一层灰。

一些人回忆童年趣事时，总免不了要提到风筝。可是我们老家那边，很少有人放风筝，更没人做风筝——风太大了，没法放。不能放风筝，倒是跟风车结下了不解之缘。各式各样的风车转动在各家的秫秸垛前，和着风吹柴火叶发出的吱吱呜呜声。

故乡的风留给我的记忆大多是不愉快的，但是也有玩风车时的快乐。不管怎样，这是我对小时候的家的一段抹不去的记忆。

家乡　童年　小河

　　偶然读到一首诗《小河》，不禁想起了我的家乡，我的童年。村桥边那条小河，留给我太多美好的回忆。小河被青山怀抱着，它在我家的不远处，从北到南流淌着，这条小河伴随着我走过那漫长而短暂的童年，伴随我走过人生的二十几个春秋。

　　出生以后，我就在这条小河所散发的气息下成长，在我刚刚学会走路的时候，就调皮地来到小河边，玩弄着小河里青涩的鹅卵石、五彩的贝壳，细掬着清澈的河水，偶尔下了大雨，小河中的水变得汹涌起来，河水和着泥土变成了褐黄色，向远方流去。

　　上小学的时候，小河是我每天必经的道路，每当上学时，总要从小河的这边走到小河的那边，放学的时候又要从河的那边走回来，每天都要伴随着小河走过好几趟长长的小路。平常小河里的水不多，河里面却时常有小鱼、螃蟹之类出现，放学时有意打着赤脚，踏进缓缓的溪水，或拾贝壳，或捉小鱼，或扳起石头寻找石头下面的螃蟹。听大人们说："吃了螃蟹可以增加力气。"同班的比我力气大的同学也许是喜欢吃螃蟹的缘故吧，那时候，我总是这样地想。可每当我寻找它们踪迹的时候，它们却似乎是有意躲着我，不肯出来。偶尔侥幸被我找出来的都是些特大的螃蟹，还将它那长长的大夹子伸得老长老长，用它那凶悍的眼神瞪着我，使我不敢去捉它，我害怕那双铁钳似的夹子，心想一旦被它夹住，将会很疼很疼，我所能够捉得到的，都是那些无力的软螃蟹。

　　夏天来到了，小河的两边长满了芦苇，两旁的树也披上了严实的绿色衣裳，此时的小河自然成了我们避暑的地方，每次上学放学都可以不用顶着烈日在那火炉一般的小路上行走，我

感悟 ganwu

　　也许故乡的小河带给我们的并不仅仅是儿时的快乐，还有做人的道理。故乡的情正如这流淌的小河，带给我们悠久的回忆。

们可以改走小河，那冰凉的流水浸湿着我们的小脚，冷冰冰的，并且我们还可以免去烈日照射之苦。每逢暑热的季节，我常和一群小伙伴，赤裸裸地跑入河中，叫着、笑着，河水冲凉了我们的灼热，也滋润了我们童年的兴趣和幻想——手捧着竹篮，用它去揽取那被水流冲积的小鱼，偶尔我也站在小河边，等待那被河水冲积下来的鱼儿；也会因放学时留恋河中的螃蟹和小鱼而回家太晚，被妈妈发现，免不了要受些皮肉之苦，不过没过几天，照样要踏上那条小河。

随着岁月的增长，我到小河边来的时间更多了，有时会一个人在小河边发呆，有时候静静地在小河边看书，有时候还会在河边作画，尽管只是一些胡乱的涂鸦。但我总是把小河当做我最亲密的朋友，或看蓝天行云，或欣赏小河淌水，我的每一个细胞都充满了欢乐，充满了强劲的毅力，从小河的身上，我学会了容纳许多新鲜的事物，沉稳地迎向接连而来的一切。

就在这样普通的过程中，我的童年悄悄地走过，而小河的形态也在我眼眸中渐渐变得很小。幼年的小学时光结束，我走进了中学，虽然我和小河一样都是走向南方，但是我们之间总会相隔那么一段距离，从这以后，我就很少跨越这条小河了，也很少再伴随这条小河行走。只是偶尔在假期中会穿越这条小河，并且都是匆匆踏过以后又匆匆地相别。初中毕业以后，我到了县城读书，一年之中，只能回上几次家，之后又要匆匆地赶往学校。

毕业以后，我踏进了社会，就更少有机会再见那条故乡的小河了，这些年来，我的足迹曾停留过无数的地方，印象里也装进了更多的湖光水色，然而我却依然不能忘怀故乡的这条小河，也常常在梦中想象着重回故乡时的那份愉悦——晨风拂面，踏上归家的路，沿着萋萋青草的小路，空气清新得沁人肺腑，寻着泥土的芳香，走到故乡的小河边。河是宁静的，河水缓缓地流淌，明澈而清澄，如今的河水深不及膝，也再不见小鱼儿、细虾在河中游弋，拣一片草地顺势坐下，享受这静谧的美，生命的美。

童年的小河如此惹人怀念，深深地嵌进我的记忆里，不是任何河流所能替代和比拟的，我要感谢这条涟漪的碧水，是它带给我儿时的乐趣，也让我浮想出故乡人的真实与淳朴，在成长的岁月中，时时注入我的心灵。时隔多年以后，当我白发苍苍地回到故乡，不知道故乡的小河是否依旧，我的童年记忆是否依旧呢？

· 大海 樱花 ·

故乡的大海，故乡的樱花，是我永远的乡愁……

大海在记忆中是一条亮丽的风景线，串起我年少轻狂的碎片，沿长长的海岸线飞车而过的场景总是洒落着无数的笑声，海风吹拂起长发飞扬，轻柔地，轻柔地，绾住我思乡的翅膀。

大海无边无际，仿佛将心情释放到天边，是天大地大的胸怀，我永生感谢大海给我的气质。而海给我的还有更多，赶海、弄海、下海、洗海澡、吃海鲜……在浪花中弄潮，随手采撷，就有新鲜的裙带菜、海木耳、牡蛎、小螃蟹，还有只在青岛盛产的一种薄皮小花蚶，我们叫"gǎla"，天生的鲜味无需豉汁或浓酱，原汁原味便自可笑傲海鲜大厨的手艺。

记忆中只有大海鲜是纯正的味道，天造地设人，工如何能做出？最是那秋风紧秋蟹肥的时节，家家户户都可以享受馥郁的蟹壳红，岸头黄菊，樽前桂花酒，蟹肉蘸姜汁入口，浓浓的鲜，鲜在心底。

碧海蓝天中的故事永远美好，万千纠葛都可以净化，我的大海时常在异乡的午夜涉水而来，慰藉生存的压力与饥渴。在最失意的时刻，我最先想到的，总是家乡的大海，千里迢迢也要回去看一眼，我来看海，海永远为我敞开怀抱，冷静的清凉

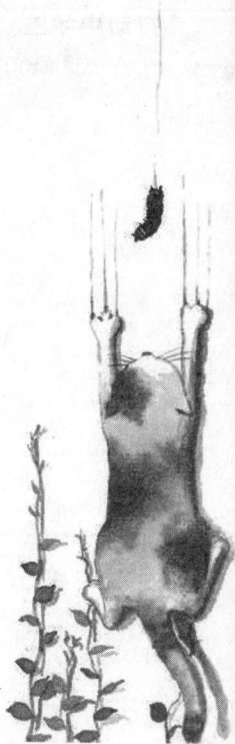

感悟
gǎnwù

故乡的大海，拥有博大的胸怀，这便是海纳百川的胸襟；故乡的樱花，热情如火，对人对事，全凭义字当先。正是因为有了它们，才有了生命的绚丽璀璨，生活才更有激情！

海水亲吻赤足。抚慰忧伤的手掌，只有青岛的海风。

樱花盛开在四月，有风有雨的四月，风来下起花瓣雨，远看是成阵的落红，置身其中，你会看清楚那些精致的花瓣，粉白莹红，柔情似水。

我家的楼下就有成片的樱林，在属于它们的花季日日喧闹，樱花其实是热情而执著的花，整个花期都无需绿叶的陪饰，心甘情愿自己去燃烧，在生命的鼎盛期，最不应萎落的时刻，每一朵，都赴命一般，纷纷飘落，哪怕最终落花随流水，也成为记忆中无可替代的美。

故乡人骨子里无法不感染樱花的气质，义字当头，没有人会退缩，对人对事全讲投缘，要么不给，要么全然给予，一如你可以同时评价故乡人排外或热情，一如樱花，要么不开，开就开得义无反顾，在命定的花季，不惜把一树璀璨都为你摇落。

樱花盛开的季节，各公园和各大风景区游人如织，多少往事，多少年少时的爱恋恩怨，都发生在这美丽的花树下，我至今都保留的那一触即发的如火的热情，那投身喜爱事物的义无反顾的心情，怎不来自樱花的恩赐？

故乡的大海，是一块明矾，灵犀一点中的心灵如水澄清。

故乡的樱花，是一种如火的心情，任性而肆虐地拥抱生命。

有着大海和樱花的我的故乡，我可爱的故乡，你的前途一定像大海一样无边，像樱花一样灿烂！

漂泊的故乡

我的家在哪里？我曾不止一次地问过自己，家里是不是也有祖传的几间小屋，屋旁有祖上亲手栽种的树，树荫下的青石板小路上还有我祖上依稀可辨的足印？

我的父母远离故土，被国家分配在一个城市里工作，那城市里就有了我的一个“家”。“家”是父母工作单位分给的一间房，房里的家具是领来的。我跟着父母，他们去哪儿，哪儿就是我的家，哪儿都好像是家，哪儿又好像都不是家，没有归皈依，没有所属。后来我有了自己的家，可是现代的一切，切断了我和祖上的联系，我依然不知道我是谁，只觉得自己好像很突兀地活在这世界上。

其实老家我也是去过的。祖上的房子是早没了的，那里除了祖上不太久远的几座坟茔，就只有一脉相传的一群族人，住在和我不相干的房子里，陌生地看着我。我也陌生地注视着他们，虽然知道血管里流着相似的血，人却有咫尺天涯的感觉。

但去过一个地方后，我却一厢情愿地把他乡认作故乡了。

阴雨霏霏的几天里，我打着伞，走在光滑锃亮的、夹杂着青草的青石板路上。我知道这路已经走了几百年。几百年后的我，轻轻地，赤着脚从这个院落走向那个院落。院门口积着水，我跳着脚进来，伞却被门挂住了，我慌慌地把伞收进来，水滴溅湿了同样是青石板的门厅的地。门厅的天井里落着和几百年前同样的细雨。门厅内古老的八仙桌旁，安详地做着针线活的女主人忙起身，“来啦”“淋湿了吧”地招呼着，仿佛我不是游客，而是隔壁人家来串门的熟人。坐在未经油漆、木墙木顶的房里，看古朴的雕梁画栋，一时不知身置何处。

一家一户串过去，白墙已变得斑驳，像老人脸上的老人斑，证明着这房屋的久远。“吱吱”作响的木质楼梯旁挂满了小孩的尿片，伴着孩子哇哇的哭声，不知道这又是房屋主人的第多少代子孙了。

生活在祖上亲手建造的房子里，甚或每根房椽梁柱可能还有他们祖上手抚的余温。他们的祖先用温和的目光注视着他们的儿孙，在代代相传的老屋里。这曾是我多少梦里的情景啊。

就在那阴雨绵绵的夏日的傍晚，我赤脚停在村旁的青石板

感悟
ganwu

如果你面对一个陌生的地方，内心有了一种熟悉的冲动，那也许便是你心中的家了。每个人不可能任意选择自己的出生地，却可以有自己心中的憩息之所。

路上，满心嫉妒地看着这一片几百年前的老屋里生活着21世纪的儿孙们。看着他们一如往常一样平静地生活，旁若无人地从我身旁经过，我——一个外客，站在这几百年的小路上，竟心生暗暗的嫉妒。

故乡的虾

少年时的我对虾实在是最熟悉不过了，小时候，在河边玩耍，清可见底的水里，近水草处，常可看见淡青色的虾弓着个身子，很迅捷地一跳——这样一种景象让我有理由在水边痴痴地呆上半天，在那片水草丰茂的河边，我静静地看着那些快乐自在的虾类接近透明的身子，柔柔地在水中轻拂的水草，真不知是虾成了自己，还是自己成了个虾。

因为这些儿时的印象，后来看白石老人所画的水墨虾图也就异常亲切。

我们那叫青虾也叫草虾，草虾对于水乡任何一个孩子都是有着无穷的吸引力的。我记得最大的青虾怕有大拇指头那般粗，虾壳甚至有了棕绿色的斑纹，虾螯上有的竟积上了一层青苔，这样的虾当然好吃极了，清煮、红烧、油煎……哪样吃都是至味。捕捉大草虾并不是件容易事儿，常用的是虾球，也就是用竹篾制成的圆球形捕虾工具，在虾球内部放置小杂鱼或面团等做诱饵，诱虾进入取食。傍晚时，将虾球投入河中，第2天早上取虾球，收获颇丰。孩子们自然没有专门用于捕虾的虾球虾网，但却有自己的一套方法：

其一，夏夜时，到一个水草多的河边，或者干脆就在码头边（这两处都是青虾出没较多的地方），看吧，远远的水苇子里已经有一闪一闪的萤火虫了，水面是平静的，偶尔有风，凉凉的，吹在脸上惬意极了，这时候，在近水处甩些面粉，稍等片刻，虾就悄悄地摸来了——摁亮随身带着的手电，对准码头下或

童年的我们那么无忧无虑，像手中的虾。成长的过程中，也许你不再轻松，也许你不再年轻，可是儿时的快乐，永远不会被抹掉。

是水草丛里照去，直直的光柱直射到水里——看到那个弓着身子的虾了吗？——为手电光照射的大虾完全就是个呆子，静静地在光柱里一动不动，这时候，别慌，你只管把小网子伸入水中抓取就是了，虾被光激射后是绝对不会挣扎的——这也真是件怪事，这种捉虾的方法屡试不爽，很有效果，但美中不足的是一次捉得不会太多，而且必须在夜色中进行，效果才十分明显。

另一种方法现在想来其实是蠢事。但老实说因为美味的诱惑，儿时我干过这蠢事——也就是用敌杀死迷醉虾，敌杀死毒性很小，那时不懂事的我们跟在一帮大孩子后面，用少量敌杀死洒在近岸的水边，不多会儿，就有虾迷迷糊糊地在水边蹦跶了（青虾只要有极微量的敌杀死就会变得晕晕乎乎），那时你就快乐地在水边捡虾吧，水边一溜儿这种呆头呆脑的"曲公子"是完全不懂得反抗的，而且让你想不到的是迷醉的虾会源源不断地过来——这其实是一种掠夺资源型的方法，且对环境多少有些影响——家乡现在若青虾变少的话，过去顽皮的那帮孩子（包括我）无疑是罪不能免的。

青虾吃法以盐水清煮居多，这样的做法特点即是本色，煮虾时，看那些虾类在锅中弓起身子由青渐渐变红，心里偶尔会有些惭愧，但惭愧归惭愧，美味却仍是美味，若有盐水虾在桌上，从来没人见我比人家少动一筷子。青虾另一有名的吃法则是以酒醉之，选个头相差不大，整齐且活蹦乱跳的，用透明的玻璃钵子盛着，然后喷白酒（酒以把虾淹住为宜），加盐、醋、糖、姜末、香菜，盖上盖子，稍焐片刻，即可上桌食用了。从生物学的角度看，吃醉虾真是件很残忍的事儿——因为醉虾根本就是活的，但从吃的角度看，醉虾实在是人间至味，醉虾咬入口中，只用上下牙轻轻一挤，鲜嫩的虾肉在那种微微的酒味与酸甜中便滑到了舌尖，那瞬间的感觉实在是美妙之极，明代的李笠翁在《闲情偶寄》中说到虾，流着口水这样写道："虾唯醉者糟者，可供匕箸。"看来，江浙人吃醉虾年代已很久远

了。吃醉虾的高手吐出壳后仍会是一个完整的虾形，丝毫没有任何破损的痕迹，而北方人却很难做到这些。那次外地一帮朋友聚会，一位朋友捏起醉虾，竟像吃熟虾一般准备用手剥壳，我一时为之大异，后一想，"北方人，难怪！"于是立即传授吃醉虾大法："嗒，整个咬入口中，轻轻一挤，肉就出来了。"

除了醉虾，儿时还吃过活生生不加任何作料的小青虾，家乡有一种说法，说是在水中吃了活青虾，会有一个好水性，于是刚在水边扑腾着学凫水（游泳）时，曾一口气连吃了几只活虾，虾肉清爽爽的，很嫩，但现在的回忆里却依然有些许的腥味儿——不管怎么样，后来自己的水性到底还是不错的，只不知有没有那些活虾之功？但现在再让我吃那活虾，是绝对吃不下的，除非还用酒醉了。

虾在儿时给我带来了无尽乐趣，留给了我人生美好的一段回忆，永远难忘故乡的虾。

梦里的故乡

故乡啊故乡，难忘的故乡，那承载着童年欢乐的故乡，那有山有水有蝉有鱼的故乡。

魂牵梦萦的故乡仿佛渐渐向远方隐褪的山峦，雾般梦般的令人心绪飞扬。偶尔在烟雨时节忆起，便是眷眷依恋与感动。

一个灰色湿蒙的早晨，由着冥冥中的牵引，坐上嗒嗒声响的三轮车，我回了一趟故乡。整个行程溢着淡淡的伤感，故乡的天灰蓝，故乡的水清冷。

人生的旅途中会有很多风景，也许它们远远比故乡美，但让我们无法释怀的仍是故乡的山山水水，故乡才是我们最真的眷恋和最美的归宿。

故乡的小镇属于平淡无奇的那一类，既没有悠久的历史文化，也没有可以标榜的高楼大厦。灰檐蓝瓦，雨巷长街，一切都显得那么自然。转眼几年的风霜，小镇似乎也染上了一份纤尘。

儿时居住的小院，鸡冠似火，桃李吐翠，后因改储藏室，满园的绿意毁于一旦。徘徊至此，见小院已如风中秋草般萧瑟，一番寂然的景象，想起它曾带给自己的欢乐，不免伤感。

漫步长街，寂静清冷，心头寻找着嘈杂的记忆。梧桐树叶稀疏飘落，在大地铺上一层细软的白雪。空中散发着浅浅青涩的味道，如久违的乡愁。仰头观望那灰白斑驳翘起的屋檐时，灰蓝的空中不知何处飞来一群南飞的大雁在梧桐树丫间盘旋、聚散。我连忙按下快门，定格这虬枝、青檐、飞雁……

小时候步行于这长街应该怀着欣喜吧，因为这路的尽头——一块山坡上筑有一座花园。花园的四周由铁链围护，外人是轻易不能进的。然而这环环相扣的铁丝网却锁不住顽劣的童心。我们这些顽皮的孩童照旧能依隙觅得一个空处，仗着人小体瘦的优势钻进去。于是，这芳香四溢，有粉红、白色、淡紫的花朵，有五彩斑斓翩飞蝴蝶的花园成了我们的乐土。我们或嬉戏游戏，或聚于一石凳处，调车攻炮，其乐无穷。正思味着往事，脚步已到了花园。如今，花园的铁链已不复存在，偌大的园子只有绿树清影，几只沉郁低吟的牛儿被拴在树干上，一副任人宰割的模样。时而有农人挥着长鞭吆喝着走过，看来这头牛已寻到了买主。整个花园俨然成了牛的交易场。

我不忍久留，走下野草芊芊的山坡，呼吸着湿蒙的空气。天空阴郁着，不时有凉风吹过，顺便捎下几点雨滴。一条炭灰色的木船搁浅在沙滩上。不远处的河边，一位浣妇正在捣衣，透明的小河三两点寒鸭顺河游弋而下，颈上的羽毛因寒冷而颤栗地竖立起来。唯一的变化是河的两岸架起了一座大桥。大桥如玉带横空，纽连两岸。只是大桥上没有人影的走动，显出无人承载的落寞。

整个旅程仿佛重温儿时的路。也许因低沉天气的缘故，心绪怀着怅然的味道。然而这怀乡的情结仍然希望故乡有新的气象。此时心头只有一种声音在升腾，别了，故乡！不管你是否改变，不变的是我对你深深的眷恋。

· 回 乡 ·

清晨，迎着喷薄待出的晨曦，踩着一路春风，我回到了阔别数载的故乡。

推开门，父母惊喜万分，赶紧忙碌着为我张罗早饭，庭院里的花儿争奇斗艳地开放着，大缸里栽种的月季虽不及玫瑰娇艳欲滴，但那份亲切和自然，在花丛拥簇的庭院里显得十分突出。

最让我感到惊奇的是，在和邻居相隔的院墙上，竟然长出一排饱满的菜花，我走近一瞧，堆积的砖缝里没有任何泥土和杂物，离地面也四尺有余，在这样的环境下能生存的植物，且根须壮实丰满，实在不可思议，其顽强的生命力足让我叹为观止！

母亲大锅里烧好的稀饭十分可口，我一气喝了三碗，离家这么多年，家里的一切，感受起来仍然那么清新，唯一不同的是，母亲两鬓染白的霜发酸透了我的鼻尖。

走出院子，乡亲们纷纷向我招呼问好，那条砖铺的长巷少了儿时孩童嬉闹的脚步。曾记得乡邻们总喜爱捧着饭碗在这条巷子里边吃边聊的情景，而现在大家各自忙碌的身影似乎忘却了对它浓浓的依恋。

新建的公路从村里一直延绵到集镇，公路两旁一排排高高的瓜果架上井然有序地挂着绿色的牵藤，白色的塑料大棚像一条条蛰伏卧睡的长龙，看上去十分壮观。村里的摩托和农用车也多了起来，装满幸福的汗水和喜悦的成果，在马达的轰鸣下，一路驰向回报辛劳的城市农贸市场。

徜徉在田头，和煦的阳光和湛蓝的高空洋溢在头顶，一种城市永远无法享受的惬意立刻蔓延全身。

小河的鹅鸭比以前少了许多，原本清澈见底的河底已经被水草围困，杂乱的蒿草在坍塌的河边缠乱地疯长着，河里几乎见不到鱼虾戏水的悠然，取而代之的是河面漂浮的垃圾和河底泛起的浓黑的水疱。严重的污染已经从城市触摸到乡村的每一

感悟
ganwu

家乡在时刻不停地变化，它点点滴滴的改变都牵动着家乡儿女的心。

个角落。好在村里早就有了自来水和公路,小河担负饮水和运输的显赫地位已不复存在。

打谷场边有个硕大的牛棚,记得小时候里面经常屯聚着几头老牛,现在去看,那些牛群早已成了人们桌上的菜肴。越来越先进的铁牛宣告了老黄牛曾经风光八面的时代的终结。

傍晚的田野,万丈霞光一泻千里,把村里的楼影冲得很远很远,成双结对的燕子在金色草堆前的低空飞梭,远处打鸣的白鹭和鹁鸪比眼前唧唧喳喳的麻雀声要显得更加悦耳。

我看到生我养我的故乡一片欣欣向荣的景象,心中一阵快乐……

美味的泡馍

长期漂泊,像风中的柳絮,水里的浮萍,无系无根,难免会产生些许思乡的情绪。每逢佳节倍思亲,尤其是年节的深夜,在遭遇挫折而不得解脱时,一个人独倚、独坐……不禁会把那个称做"老家"的东西拿出来,细细擦拭、品味,这时,一些尘封多年的记忆会像经年的老酒一样,浓郁而绵长,丝丝缕缕,回味不绝……

我想到了家乡的一种小吃:羊肉汤泡馍。一种很普通但广受家乡人喜爱的小吃。

我的家乡是一望无际的陕北高原,那里生活着密密的生灵和庄稼。村庄依黄河而立,年年经历河水洗涤、灌溉,所以这里土地肥沃而丰厚,每家的土地都不少,除了种植必要的小麦、黄豆、玉米等主粮外,田间畦头也会种些绿豆、赤豆、小米之类的作物,我这里提到的绿豆就是制作"丸子汤"的主要原料。

喝泡馍宜在秋冬时节,最好的时候是春节期间的年集。前些年,由于受物品、交通等诸多方面的影响,集市这种场所是家乡人们最为重要的交易地方,种出的作物、养肥的家畜,

| 感 悟
| ganwu

常年漂泊在外,寂静的夜晚总会带给你很多的离愁别绪,想念家乡的每一样东西。回味那冒着热气的羊肉泡馍,是一种心情的释放,是一种思乡的情怀。

柴、米、油、盐等一应生活物品基本上是通过集市来进行的。并且，春节这段时间属于农闲时节，人们都有时间来赶集，一是买该买的东西，二是卖该卖的东西，但更多的人还是图个热闹，凑个好心情。于是，每每年集，天还不亮，大路上就挤满了行人，摩肩接踵，步行、骑车、牵着家畜、推着小车，什么样的人都有，然而，最为明显的是，每个人都穿着新衣服——平时舍不得穿的衣服。

这个时候，卖小吃的摊点生意就异常火爆：油条锅、包子铺，最吸引人的就是羊汤馆。我清楚地记得，在老家集市中心的十字路口支着两口很大的锅，一口锅里面热气缭绕，煮着一锅黑汤，散发着诱人的香气，一个师傅不停地把烙馍放进锅里，稍后捞上来，再放香菜、精盐，洒上麻油，等全部放好后，从锅里再捞出烂透的羊肉放到碗里。顿时整个空间便弥漫起一股浓浓的香味……

故乡的羊肉泡馍，我永远的怀念！

枣 核

感悟
ganwu

故乡对于海外游子来说，就像是牵着风筝的那条线，即使风筝飞得再高，也永远挣脱不了故乡这条线，有故乡的牵引，才能找到回家的方向。

动身访美之前，一位旧时同窗寄来封航空信，再三托付我为她带几颗生枣核。东西倒不占分量，可是用途却很蹊跷。

从费城出发前，我们就通了电话。一下车，她已经在站上等了。掐指一算，分手快有半个世纪了，现在都已是风烛残年。

拥抱之后，她就殷切地问我："带来了吗？"我赶快从手提包里掏出那几颗枣核。她托在掌心，像比珍珠玛瑙还贵重。

她当年那股调皮劲显然还没改。我问起枣核的用途，她一面往衣兜里揣，一面故弄玄虚地说："等会儿你就明白啦。"

那真是座美丽的山城，汽车开去，一路坡上坡下满是一片嫣红。倘若在中国，这里一定会有枫城之称。过了几个山坳，她朝枫树丛中一座三层小楼指了指说："喏，到了。"汽车拐进

草坪，离车库还有三四米，车库门就像认识主人似的自动掀启。

朋友有点不好意思地解释说，买这座大房子时，孩子们还上着学，如今都成家立业了。学生物化学的老伴儿在一家研究所里做营养试验。

她把我安顿在二楼临湖的一个房间后，就领我去踏访她的后花园。地方不大，布置得却精致匀称。我们在靠篱笆的一张白色长凳上坐下，她劈头就问我："觉不觉得这花园有点家乡味道？"经她指点，我留意到台阶两旁是她手栽的两株垂杨柳，草坪中央有个睡莲池。她感慨良深地对我说："栽垂柳的时候，我那个小子才5岁。如今在一条核潜艇上当总机械长了。姑娘在哈佛教书。家庭和事业都如意，各种新式设备也都有了。可是我心上总像是缺点什么。也许是没出息，怎么年纪越大，思乡越切。我现在可充分体会出游子的心境了。我想厂甸，想隆福寺。这里一过圣诞，我就想旧历年。近来，我老是想总布胡同院里那棵枣树。所以才托你带几颗种子，试种一下。"

接着，她又指着花园一角堆起的一座假山石说："你相信吗？那是我开车到几十里以外，一块块亲手挑选，论公斤买下，然后用汽车拉回来的。那是我们家的'北海'。"

说到这里，我们两人都不约而同地站了起来，沿着卵石铺成的小径，穿过草坪，走到"北海"跟前。真是个细心人呢，她在上面还嵌了一所泥制的小凉亭，一座红庙，顶上还有尊白塔。朋友解释说，都是从旧金山唐人街买来的。

她告诉我，时常在月夜，她同老伴儿并肩坐在这长凳上，追忆起当年在北海泛舟的日子。睡莲的清香迎风扑来，眼前仿佛就闪出一片荷塘佳色。

改了国籍，不等于就改了民族感情；而且没有一个民族像我们这么依恋故土的。

读书笔记

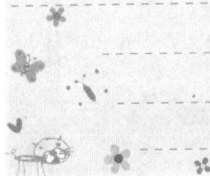

教师免费样书申请

感谢各位教师和学生使用北京教育出版社出版的系列丛书。为进一步提高我社图书质量，敬请教师和学生完整填写下列信息，我社将因此向教师提供一本免费样书（请您提供教师资格证或工作证复印件）。本表可在本社官方网站www.bjkgedu.com上下载，复制有效，可传真、邮寄，亦可发e-mail。

姓　名		学校名称		邮　箱	
电　话		学校地址		邮　编	
授课科目		所用教材		学生人数	
通过何种渠道知道本书		学校推荐 □　网站宣传 □　书店推荐 □　海报宣传 □　学生使用 □			
选择本书您首先考虑		出版社品牌 □　体例新颖 □　内容使用性强 □　装帧美观 □　其他 □			
您认为本书有何优点？					
您认为本书有何不足？					
常销系列图书		《168个故事系列》 _____			

注：您申请的样书须与您讲授的课程相关。

诚征优秀书稿

北京教育出版社成立于1983年，凭借对教育、教学改革的敏锐把握，依靠经验丰富的教师团队，成功推出了《1+1轻巧夺冠》《课本大讲解》《提分教练》等系列丛书。为了与时俱进，不断创新，打造更实用、更完美的优质教育图书，现诚邀全国中小学名师加盟，诚征中小学优秀教育类书稿。凡加盟者可享受如下待遇：1.稿费从优，结算及时；2."北教社"颁发相关荣誉证书；3.参编者将免费获得"北教社"提供的图书资料和培训机会。

随书资源下载

北京教育出版社的图书所附赠的英语听力资料或其他随书资源，均会及时刊登在本社官方网站www.bjkgedu.com上，读者可以上网下载。下载方法如下：在网站免费注册后，登陆"下载中心"频道的"随书资源"区，选择下载所需的随书资源即可。所有随书资源均需凭密码下载，下载密码为图书ISBN号的最后5位数字（注：ISBN号一般印在图书封底条码上方）。

来信请寄：北京市北三环中路6号11层　北京教育出版社总编室
邮编：100120　　网址：www.bjkgedu.com　邮箱：bjszbs@126.com
电话：010-58572817（小学）　58572525（初中）　58572332（高中）

请在信封上或邮件中注明"样书申请"或"应聘作者"。

 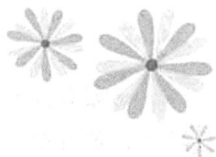

后记

　　本丛书在编写过程中，参阅了大量的期刊和著述，吸取了很多思想的精华。但由于各种原因，编者未能及时与部分入选故事的作者取得联系，在此致以诚挚的歉意，恳请作者原谅。敬请故事的原作者（译者）见到本书后，及时与我们联系，我们将支付为您留备的稿酬及寄去样书。

　　同时，提请广大读者注意的是，本书题名中"168个故事"只是概数，实际故事数量并不以此为限，特此声明。

　　地址：北京市北三环中路6号北京教育出版社

　　电话：010-62698883

　　邮编：100120

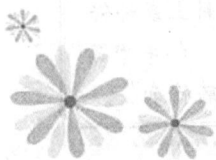 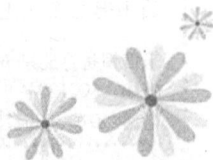